跟着名师读名著

Sen Lin Bao Chun

森林报 春

孙立权　主编
比安基　著
孙秀芬　编译

U0208895

权威
经典版

（无障碍阅读）

扫除阅读障碍　增加阅读积累

吉林出版集团股份有限公司
全国百佳图书出版单位

阅读写作双向达标
考试成绩迅速提高

借鉴名著的艺术手法，应用到日常写作中。

本书的创作背景及作者当时生活的时代特征。

熟记名著中精彩的句段，并能活学活用到自己的作文中。

作品中出现的写作手法及人物刻画的艺术特色。

写作

领会

学会观察生活中的事物，并加以积累，将其作为素材储备。

叙事过程中运用的说明、抒情、对话、心理描写方法。

掌握名著中具有特色的段落，加以借鉴，提高自己的写作水平。

作品中心思想及作者借作品所要表达的社会问题。

名著阅读达标要求

名师阅读方案

阅读引语 每章开始前有专业名师开题，一语点破本章精华所在，让读者领会创作背景、主要人物等重要细节。

名师评点 针对文章中起引领作用的关键点、词句进行剖析，指引读者体会文中精髓。

名词解释 对一些生辟词进行一对一讲解，扫除阅读障碍，使读者能更深刻理解名著的艺术特色。

考点直击 课标读物中的知识常会出现在历年考试题中，这里集中精选了和本书有关的历年真题，让读者了解出题方向，考试时有的放矢。

名师点睛 每章结尾有名师对本章进行点评，精确指出本章写作手法、中心思想和艺术特色，让读者更好地掌握本章知识。

知识链接 对本章中出现的具有特色的知识点进行针对性的讲解，拓宽读者的知识面。

读后感 名著阅读完之后，选摘一篇具有代表性的读后感，让读者换一个角度去思考，可以让广大读者之间产生共鸣。

资深教育专家权威解读
百位优秀老师精心编写

图书在版编目 (CIP) 数据

森林报 . 春 /(苏) 比安基著 ; 孙秀芬编译 . -- 长春 : 吉林出版集团股份有限公司 , 2015.12 (2020.10重印) (跟着名师读名著)

ISBN 978-7-5534-9558-3

Ⅰ . ①森… Ⅱ . ①比… ②孙… Ⅲ . ①森林—青少年读物 Ⅳ . ① S7-49

中国版本图书馆 CIP 数据核字 (2015) 第 301168 号

森林报 春
SENLINBAOCHUN

著　　者：比安基
编　　译：孙秀芬
主　　编：孙立权
责任编辑：杨亚仙　邢　扬
出　　版：吉林出版集团股份有限公司
发　　行：吉林出版集团社科图书有限公司
电　　话：0431-81629712
印　　刷：鸿鹄（唐山）印务有限公司
开　　本：660mm×920mm　1/16
字　　数：200 千字
印　　张：11
版　　次：2016 年 1 月第 1 版
印　　次：2020 年 10 月第 4 次印刷
书　　号：ISBN 978-7-5534-9558-3
定　　价：29.80 元

如发现印装质量问题，影响阅读，请与印刷厂联系调换。

作者介绍

　　维塔里·瓦连季诺维奇·比安基，苏联著名儿童文学作家，有"发现森林第一人""森林哑语翻译者"的美誉。

　　1894年2月11日，比安基出生在彼得堡一个生物学家的家庭。他的父亲是一位生物学家，在家里养着许多飞禽走兽。受父亲及这些终日为伴的动物朋友的影响，比安基从小就热爱大自然，对大自然的奥秘产生了浓厚的兴趣，有一种探索其奥秘的强烈愿望。他后来报考并升入彼得堡大学物理数学系，学习自然专业，与家庭的影响密不可分。

　　比安基从小喜欢到科学院动物博物馆去看标本，或跟随父亲上山去打猎，跟家人到郊外、乡村或海边去住。在那里，父亲教会了他怎样根据飞行的模样识别鸟儿，根据脚印识别野兽……更重要的是教会他怎样观察、积累和记录大自然的全部印象。比安基27岁时已记下一大堆日记，他决心要用艺术的语言，让那些奇妙、美丽、珍奇的小动物永远活在他的书里。只有熟悉大自然的人，才会热爱大自然。比安基正是抱着这种美好的愿望为大家创作了一系列的作品。

　　1923年，比安基成为彼得堡学龄前教育师范学院儿童作家组成员，开始在杂志《麻雀》上发表作品，从此一发而不可收拾。仅仅在1924年，他就创作发表了《森林小屋》《谁的鼻子好》《在海洋大道上》《第一次狩猎》《这是谁的脚》《用什么歌唱》等多部作品集。比安基从1924年发表第一部儿童童话集，到1959年因脑溢血逝世的35年的创作生涯中，一共发表了300多部童话、中篇小说集、短篇小说集，主要有《林中侦探》《山雀的日

历》《木尔索克历险记》《雪地侦探》《少年哥伦布》《背后一枪》《蚂蚁的奇遇》《小窝》《雪地上的命令》以及动画片剧本《第一次狩猎》（1937）等。

《森林报》是比安基正式走上文学创作道路的标志。1924年—1925年，比安基在《新鲁滨逊》杂志上开辟森林的专栏，这就是《森林报》的前身。从1927年《森林报》结集第一次问世出版到1959年，已再版9次，每次都增加了一些新内容，使《森林报》的内容更为丰富。比如，一些没有翅膀的蚊子是怎么从地下钻出来的？哪个季节的麻雀体温比较低，是冬季还是夏季？什么昆虫把耳朵生在腿上？青草何时会变成天蓝色？蝴蝶秋天都藏到哪里去了？虾在哪里过冬？森林中哪种飞禽的眼睛靠近后脑勺，为什么？癞蛤蟆冬天吃什么？什么鸟的叫声跟狗差不多……这类妙趣横生的问题，都会在《森林报》中找到完整而令人信服的答案。

比安基从事创作30多年，他以其擅长描写动植物生活的艺术才能、轻快的笔触、引人入胜的故事情节进行创作。《森林报》是他的代表作。这部书自1927年出版后，连续再版，深受少年朋友的喜爱。

内容预览

《森林报》是苏联著名儿童文学作家比安基最著名的作品，自1927年首次出版后，广受全世界读者的喜爱，不断再版，评论界称其为史无前例的"大自然百科全书"、儿童学习大自然的"游戏用书"等。

虽说《森林报》的名字带了一个"报"字，但是却不是一般意义上的报纸，因为它报道的是森林的事，森林里飞禽走兽、昆虫和花草树木的事。

不要以为只有人类才有很多新闻，其实，森林里的新闻一点儿也不比城市里少，那里也有它的悲喜事。那里的居民有自己的房子、集体、朋友和敌人，有自己的大事件，有自己的生存方式，那里也有几家欢喜几家愁，也有自己的战争……

总之，《森林报》是一部关于大自然四季变化的经典科普读物。在文中，作者用生动的文笔、采用报刊形式，以春、夏、秋、冬12个月为顺序，有层次、分类别地向我们报道了发生在森林中的故事，介绍了很多陌生而有趣的动植物。如顽强的秃鼻乌鸦、笨拙的琴鸡、残暴的猞猁、各色的蘑菇、善战的白桦……在作者的笔下，它们都被赋予了情感和智慧，春夏秋冬，分分秒秒都在上演着各种各样有趣的新闻，从而向读者展现一个四季更替的、充满乐趣的森林世界。全书字字句句蕴含着诗情画意和童心童趣，洋溢着生命的欢乐，表现出了作者对大自然和生活的热爱与尊重，是一部让孩子回归自然、亲近自然、培养其科学兴趣及对周围世界的兴趣和爱的最佳课外读物。

当今，人们已经习惯了住在由钢筋水泥筑成的牢笼中沉闷乏味的生活，大自然对于我们越来越遥远，越来越陌生。真希望读者们能通过感受书中动植物们在一年四季中丰富多彩的生活，深入探寻大自然的无穷奥秘，我们能够反省自己，返璞归真，品味春的生气、夏的活力、秋的丰富、冬的内蕴……

艺术特色赏析

1. 维·比安基是"发现森林的第一人"。

——【苏】斯拉德科夫

2.《森林报》是一部比故事书更有趣的科普读物，是一部关于大自然四季变化的百科全书，是几十年来影响巨大的科普名著。

——选自《外国文学史》

3.《森林报》是关于森林和其中"居民"的独特的百科全书。书中语言轻松优美，对孩子们的想象力会产生直接的影响。

——维基百科

4. 今天我们对大自然已经越来越陌生，这套书不仅使我们更加了解自然，更是激发了我们走出钢筋水泥的城市，去亲近自然的心，看完这套书，带着孩子一起出去走走吧。

——环保研究员 李阳

5. 这套书中的每一个故事，都可以看出编排的精心细致。其语言浅显易懂，情节生动，很适合小学和初中的孩子阅读，同时，还可以培养他们独立阅读的能力。

——幼儿教育专家 薛丽

冬眠苏醒月（春季第一个月）

一年12个章节的太阳诗篇——三月

3月21日是春分日。这天，白天和黑夜是一样长的，也就是半天是白天，另外半天是夜晚。同时，这天也是森林里迎新春的好日子。

民间有这么一个说法：三月好啊，冰雪消融。在这个时节，阳光和煦，积雪也开始变得松松软软的，表面还会出现蜂窝一样的小孔，而且显得有点灰不溜秋的，完全没有了冬天时的洁白模样，看来它也快挺不住要让步了。屋檐上的一根根冰柱也开始融化了，化开的水珠顺着冰柱滴落，一滴，一滴，又一滴……在地上形成了一个个水洼，麻雀们高兴地在水洼里扑腾自己的翅膀，想借此洗掉羽毛上沉积一冬的尘垢。花园里的山雀也开始快乐地一展歌喉啦。

春天伴随着阳光来到人间，它规规矩矩地展开了工作。首先，它将大地从冰雪中解放了出来。冰雪融化，土地渐渐露出了它本来的相貌。而这个时候，河水还在厚厚的冰层下沉睡，森林也在大雪底下睡得香甜呢。

俄罗斯有一个古老的风俗，人们会在3月21日的早晨，用白面来烤"云雀"吃，这是一种当地特有的小面包。人们在面包的前面捏出一个小鸟嘴，小鸟的眼睛则是两粒葡萄干，所以将其称为"云雀"。

就是在这天，人们会将关在鸟笼中的鸟儿一一放生，让它们重新回到大自然的怀抱中去。按照现在的新习俗，爱鸟月就从这一天开始。有些孩子会把他们的精力都放在这些长着一对翅膀的小家伙身上，他们在树上挂满"小鸟之家"——树洞式人造鸟窠；还有些孩子会将树枝交叉绑在一起，方便鸟儿做窠；还有些孩子会为这些可爱的小生灵开办免费食堂；另外，还有些孩子在学校以及一些俱乐部里举行报告会，主题就是鸟类对于我国的森林、田地、果园以及菜园所起到的保护作用，以及用什么样的方法来爱护并欢迎这些活泼可爱的、有着一对翅膀的歌唱家们。

在3月份，母鸡已经能在大门口尽情畅饮了。

林中大事记

YUEDUYINYU

阅读引语

　　春天来了，兔妈妈们生下了可爱的兔宝宝，可爱的小动物们用自己的"妙计"来觅食，家在北冰洋的"来客"们要离开了……生机勃勃的森林里发生了好多事啊！白雪皑皑的森林究竟变成了什么样子呢？

雪地里的吃奶娃娃

　　积雪在田野里还没有化去，兔妈妈就已经将小兔们生下来了。

　　刚生下来没多久，小兔儿的眼睛就能睁开了。它们的身上穿着暖和的小皮衣，刚一出世，就能到处跑啦，它们在兔妈妈这里喝足了奶就跑开，然后藏在灌木丛或草墩子下面。兔妈妈也不找，小兔儿们就乖乖地躺在那里，既不叫，也不淘气。

　　时间一天天过去了，兔妈妈还在田野里到处跑跳，早就把它的兔宝宝忘了。可是兔宝宝们还是老老实实地躺在那儿，它们可不敢到处乱跑，一乱跑，就有可能被老鹰看见，或是被狐狸等动物发现自己的踪迹。

好不容易有一位兔妈妈从它们身边经过，但这位兔妈妈可不是它们的妈妈，而是一位不认识的兔阿姨。于是，小兔儿们就跑到它身边去求它："喂一下我们吧！我们快要饿死了。"

"好吧，来吃吧。"兔阿姨把兔宝宝们喂饱之后，就离开了。

吃饱的兔宝宝又回到灌木丛里继续躺着。这时，它们的妈妈也许也在什么地方喂着别家的兔宝宝。

原来，兔妈妈之间有这么一个规矩：它们觉得所有的小兔儿都是大家的孩子。不管兔妈妈在什么地方看到一窝兔宝宝，只要兔宝宝有需要，它都会给它们喂奶。至于是不是自己亲生的，那不重要！

你们是不是以为兔宝宝没有了兔妈妈的照顾就没有办法过好日子了？才不会呢！它们身上穿着暖和的小皮衣，兔妈妈的奶水又浓又甜，小兔儿只要吃一顿，就可以好几天都不用吃东西了，而且过不了八九天，兔宝宝们就可以断奶，自己吃草了。

第一批开放的花

最早开放的花出现了。不过，不要指望能在地面上找到它们，因为这个时候的地面上仍然覆盖着白雪。森林中，只有边缘地带附近能听到河水流动的声音。水已经满到快从沟渠中溢出来了。看，就在这

里，在这褐色的水面上，你能看到原本光秃秃的榛子树枝上，开出了第一批花。

充满弹力的灰色的小尾巴，一根根地从树枝上倒垂下来。按照植物学中的说法，它们被称为葇荑花序。其实，就外貌而言，它们与其他葇荑花序的植物长得并不像。你摇一摇这种小尾巴，就会有很多花粉从里面飘落出来。

比较奇怪的是，这几根榛子树枝上居然还长出了另外一种样子的花。这种花两朵一团、三朵一簇地生长在一起，很多人都以为它们是蓓蕾。这些"蓓蕾"顶端都伸出了看着像线，但是又像小舌头一样的红色的小东西。原来，这就是植物学上说的雌花的柱头，它们的作用是接受其他被风吹来的榛子树花粉的。

微风吹拂在光秃秃的树枝之间，树枝上没有树叶，所以在风的面前就没有什么东西能阻挡它的去路，它可以尽情地去摇晃那些葇荑花序，或者是传播花粉。

榛子花总归是要凋谢的，而葇荑花序也是要脱落的。那些像蓓蕾一样的，小花顶端的红线最终也会干枯的。到了那个时候，每一朵小花就会变成一颗榛子。

春天里的妙计

森林中，猛兽经常会袭击那些温驯的动物，不管在什么地方，只要一看见它们，就会立刻扑过去将它们捉住。

冬天的时候，白色的兔子以及白色的山鹑在白雪皑皑的地上是很难被发现的。但是，现在天气变暖，雪开始融化，许多地方的地面已经裸露出来了。狼啊、狐狸啊、鹞鹰啊、猫头鹰啊，甚至是白鼬或伶鼬这样的小型食肉兽，在离得很远的地方就能看到已经没有白雪覆盖的黑色土地上的那些显眼的白兽皮或是白羽毛。

所以，白兔子、白山鹑这类动物想出了一条妙计：它们脱掉自己身上的白毛，换成了别的颜色。原本白色的兔子变成了灰兔；白色的山鹑也脱掉了身上的白色羽毛，重新长出了褐红并夹杂着黑色条纹的新羽毛。所以，现在想要找到兔子和山鹑已经不是那么容易的事了，因为它们都换装了。而那些经常袭击小动物的食肉小兽也变装了。冬天的时候，伶鼬浑身的毛都是白色的，白鼬也是。唯一不同的就是它的尾巴尖儿是黑色的。所以，在大地一片白茫茫的时候，它们可以借着雪色来掩饰自己的行踪，偷偷爬到那些温

名师评点

本句在此进行了巧妙的过渡，从温驯的小动物的换装自然地承接到了食肉小兽的变装。
【巧妙过渡】

驯的小动物面前，因为白色的毛皮在雪地上是很不容易被发现的。但是现在，这些食肉小兽也都开始换毛了。它们的皮毛变成了灰色。伶鼬全身都是灰色的皮毛，白鼬的皮毛虽然也变成了灰色，但是尾巴尖儿那里还是和原来一样，仍然是黑色的。不过，衣服上带个小黑点儿，不论是在冬天还是夏天都是不碍事儿的——雪地里不是也经常有黑斑或黑点儿吗，通常就是一些垃圾或是小枯枝什么的。而在土地和草地上，这样的黑色斑点儿就更随处可见了。

冬天的来客准备启程上路

在我们州各处的行车道上，随时都可以看见一群群有着白色羽毛的小鸟，它们的样子特别像鹀（wú）鸟。这是一种习惯在我们这儿过冬的客人——雪鹀以及铁爪鹀。

它们的故乡在北冰洋沿岸以及岛屿上的冻土带。那里的气候比我们这儿更加寒冷，因此，还要过一段时间，那里土地上的冰雪才会开始解冻。

可怕的雪崩

森林里开始发生可怕的雪崩。

松鼠的家在一棵大云杉树的枝丫上，这个时候，松鼠正在它温暖的窝里睡觉。

忽然，一团很沉的雪从树梢上塌落下来，没有任何的偏差，正好掉在了松鼠窝的顶上。松鼠受到惊吓，立刻从窝里蹿出来，可是它刚刚生下来、软弱无力的孩子们还在窝里呢！

松鼠立刻将雪扒开。还好，雪团只是压在了用粗树枝搭的窝顶，里面那个铺着苔藓，松软温暖的小窝并没有被雪压坏。至于窝里的松鼠宝宝，根本没有受到雪崩的影响，还在呼呼大睡呢！刚出生的它们体型很小，就像小老鼠那么小，眼睛还没有睁开，耳朵也听不见，浑身一点儿毛都没有。

名师评点

"立刻"一词写出了松鼠急忙扒开雪的慌忙动作，表现出其对松鼠宝宝的关爱。【用词精准】

潮湿的小屋

雪还在继续融化。森林中那些以地洞为家的动物，日子可就不好过啦！比如鼹鼠、鼩鼱（qú

jīng）、野鼠、田鼠以及狐狸等，这些住在地洞里的野兽们，被洞里的潮湿弄得苦不堪言。再过不久，所有的雪就会化成水，到那个时候它们又该怎么办呢？

奇怪的小茸毛

沼泽地上的雪已经化完了，这使得草丛与草丛之间除了水还是水。草丛的下面，是一些光滑的绿茎，茎上摇曳着白色的小穗儿。难不成，这些是去年秋天没有被风吹走的种子？难道说它们就这样在大雪底下熬过了一个冬天？但似乎又不是这样的，因为它们实在是太干净、太新鲜了，让人怎样都无法相信这些是去年遗留下来的。

不过，你只需把这种小穗儿摘下来，将外面覆盖的茸毛拨开，就会恍然大悟的。因为，在这如丝一般的白色茸毛中，居然长着金黄的雄蕊以及如细线一般的柱头。原来，这是一种花呀！

这种叫作羊胡子草的植物就是这样开花的，当时的夜间还很冷，所以花上的那些茸毛起到了保暖的作用。

四季常青的森林

四季常青的植物不一定只生长在热带或是地中海沿岸附近。其实，在我国北方的一些森林中，也生长着许多常绿小灌木。

在新年的第一个月里，经常去这些长着常绿植物的森林里散步，会使你感到非常愉快。因为在这里，你看不到那些让你心情压抑的枯枝烂叶。而且，即使离得很远，你也能看到那些毛茸茸的灰绿色的小松树。来到这些小松树的面前，在里面待上一会儿，是一件多么惬意的事啊！眼前的一切都是那么生机勃勃：柔软如地毯的青苔，叶子亮闪闪的越橘，还有优雅可爱的石南。松树的细枝上长满了细细小小的叶子，就像一片片绿色的瓦片。

枝丫上还残留着一些去年开放的，没有凋谢的淡紫色小花。还有一种常绿灌木生长在沼泽地的边缘，它就是蜂斗叶。它有着深绿色的叶子，叶子的边缘向上卷起，背面就好像刷了一层白粉。不管是谁站在这种小灌木面前，都不会盯着它的叶子，因为他的注意力会被另一种更有趣的东西吸引，那就是鲜花。你会在灌木丛的周围看到漂亮的、粉红色钟状的花，这种花和越橘花长得很像。在这种早春时节，能在森林里

11

找到花，真是一个意外的惊喜！如果你采一束这种花带回家，不管是谁，都无法相信这是从野外摘来的，他们一定会说这是从温室里采来的。

人们会这么说，主要是因为没有多少人，会在早春时节跑到常绿树林里去散步。

尼娜·巴甫洛娃

鸢鹰与秃鼻乌鸦

"噼！呱——呱——呱！"突然有什么东西从头上掠过。我抬头一看，只见五只秃鼻乌鸦正跟在一只鸢鹰后面追赶它。鸢鹰为了不被追到，一直在东躲西闪，可这是徒劳的！秃鼻乌鸦们最终还是赶上了它，用嘴去啄它的头。鸢鹰因疼痛而发出尖厉的惨叫声。后来，它费了九牛二虎之力，才冲出包围圈飞走了。我爬上一座高山，在这里我能看得更远。我注意到一只鸢鹰在一棵树上休息。这时，不知道从哪里突然飞出一大群秃鼻乌鸦，这群乌鸦叫嚣着向那只鸢鹰扑去。这下子，鸢鹰被惹恼了，它发出一声尖厉的叫声，向其中的一只秃鼻乌鸦猛扑过去。那只秃鼻乌鸦害怕了，连忙躲到一旁。鸢鹰

名师评点

这里运用夸张的修辞手法，利用"九牛二虎之力"来表现鸢鹰所用的力气之大，生动有趣。【夸张修辞】

便趁机以极快的速度冲上高空。秃鼻乌鸦们一看没有了俘虏，就都失望地散到了田野各处。

《森林报》通讯员 康·梅什连伊夫

MING SHI DIAN JING 名师点睛

>>>> 赏析精粹▲

初春三月，温暖的阳光普照大地，冰雪消融，春天伴随着阳光来到人间。瞧！兔妈妈生下了可爱的兔宝宝们，第一批开放的小花朵儿也从土地里渐渐露出了它娇羞的面容，森林里机灵的小动物们用自己的妙计开始了新一轮的觅食，冬天来做客的雪鸥和铁爪鸥也开始启程回家了……森林里的小生命们都苏醒了，一切都是那么地生机勃勃。

"林中大事记"这一章节通过描写春天来了以后森林中的小动物们和植物的诸多变化来展现森林里万物复苏、欣欣向荣的景象。并且通过反问修辞、比喻修辞、铺垫叙事、巧妙过渡、动作描写、肖像描写等写作手法，结合幽默形象的语言和精准生动的词句为广大小读者们描绘了一幅别样有趣的森林春日风景画，让读者拥有了广阔的想象空间。

知识链接

北 冰 洋

北冰洋是世界最小、最浅和最冷的大洋。其大致以北极圈为中心，位于地球的最北端，被欧洲大陆和北美大陆环抱着，通过狭窄的白令海峡与太平洋相通，通过格陵兰海和许多海峡与大西洋相连，是大洋中最小的一个，面积仅为1475万平方公里，不到太平洋的十分之一。它的平均深度为1310米，最深为5499米。古希腊曾把它叫作"正对大熊星座的海洋"。因为该地区在四大洋中地理位置最北，气候严寒，洋面上常年覆有冰层，所以英国伦敦地理学会命名其为北冰洋。

城市新闻

YUEDUYINYU
阅读
引语

　　《森林报》的记者们在城市里发现了许多有趣的新闻：猫儿们的屋顶音乐会，可怕流浪杀手的出现，还有石蚕们的集体穿越马路等，每天城市里都上演着无数的故事，还有什么是我们不知道的呢？

屋顶上举行的音乐会

　　每天晚上，屋顶上都会有猫儿们的音乐会。它们非常喜欢这样的音乐会。只不过，每次音乐会都是以歌手之间的群殴闭幕的。

阁楼上

　　一位《森林报》的记者这几天都在观察市中心地区的住宅，因为

他想要了解居住在阁楼中的动物们的生活起居。

栖息在阁楼里的鸟儿们对它们的住宅感到非常满意。如果感觉到冷，就靠壁炉上面的烟囱近些，享受这种不要钱的取暖设备。母鸽子已经开始准备孵蛋了，麻雀和寒鸦则在到处寻找着能够用来做窝的稻草，以及做软垫子时会用到的绒毛和羽毛。

鸟儿们最讨厌的是男孩子和猫，因为它们的窠常常被他（它）们破坏。

麻雀惊叫

椋鸟的家门口乱作一团，叫嚷声，厮打声，鸟毛和稻草满天飞，到底发生什么事了？

原来是主人——椋鸟回来了！它们发现，自己的家居然被麻雀占据了，于是便揪住麻雀，一只接一只地往外轰，再把麻雀的羽毛垫子扔出去——将麻雀彻底扫地出门！

有一位水泥工人正站在脚手架上修补屋顶下的裂缝。麻雀在屋檐上蹦跶着，冷不丁地瞅了瞅屋檐下，忽然大叫一声，直接向水泥工人的脸扑了过去。水泥工人挥舞着小铲子轰赶着它们，可他怎么也想不到，这是因为他把裂缝里的麻雀窝封上了，而窝里还有麻雀下的蛋呢。

一片叫嚷声、厮打声中，鸟毛随风飞扬着。

《森林报》通讯员　尼·斯拉底科夫

还没睡醒的苍蝇

一些身上蓝中透绿、闪着金光的大苍蝇出现在街头。它们虽然长着大个子，却和入眠的球虫一样，一副没睡醒的表情。它们还没有学会飞，只能用它们的细腿勉勉强强、哆哆嗦嗦地在屋子的墙壁上爬。

这些苍蝇整个白天都在晒太阳；到了夜里，就又爬回墙壁或篱笆间的空隙和裂缝里了。

苍蝇啊，当心流浪的杀手！

列宁格勒的街头出现了一种流浪的杀手——苍蝇虎。有一条谚语说，腿快的狼容易把人伤，用在苍蝇虎身上也很合适。它们并不像普通的蜘蛛那样去结网捕食，而是埋伏在地面，遇到苍蝇或者别的昆虫，就纵身一跳，扑到它们身上去捕食。

石 蚕

一些呆头呆脑的灰色小幼虫从河面的冰缝中钻了出来。它们爬上岸后，身上的皮就会蜕掉了，变成有翅膀的虫儿，它们的身体又纤细又匀称。它们既非苍蝇，也不是蝴蝶，而是石蚕。

这时，它们虽然拥有长长的翅膀，但身体还是轻飘飘的，依旧不会飞翔，因为它们还很稚弱，还得晒晒太阳慢慢生长。

它们穿越马路时，可能会被过路的人踩，被马蹄踏，被车轮碾压，也可能被麻雀像捣米似的啄食。一批又一批的石蚕死掉了，可是那些幸存者还在继续往前爬着，往前爬着——它们的队伍很庞大，有成千上万只呢。那些爬过马路的石蚕，就可以爬到房屋的墙壁上去晒太阳了。

利斯诺耶观察站

从19世纪60年代开始，自著名的自然科学家凯戈罗多夫教授第一个在利斯诺耶开展物候学观察以来，这种观察一直持续到现在。

现在全苏地理协会名下，设有一个以凯戈罗多夫命名的专门委员会，主持着物候学观察这项工作。

全苏联的物候学爱好者，都会将自己的观察报道寄到这个委员会去。现在，根据累积多年的观察记录，如鸟类的迁徙、植物的生长和凋谢、昆虫的出没等，已经可以编制一部《自然通历》了。它能用来预报天气和规划各种农事活动的日期。

现在，成立于利斯诺耶的这家中央物候学观察站，已经有50多年的历史了。像这样的观察站，全世界只有3个。

给椋鸟搭个小屋吧

谁要是想让椋鸟住在他的园子里，那就得赶快给椋鸟搭个小屋。小屋要干净，门要留得小点儿，让椋鸟能钻进去，而猫儿钻不进去。

为防止猫儿用爪子掏到椋鸟，还得在门里面钉上一块三角形的木板。

舞　蚊

在晴朗温暖的日子里，一些小蚊虫开始在空中飞舞了。你不用害怕：这种小蚊子不叮人，它是舞蚊。

舞蚊密密麻麻地集成一群，像在空中旋舞着的一根圆柱子。看那种舞蚊很多的天空，就像布满了黑点，仿如人的脸上长了雀斑。

最早出现的蝴蝶

蝴蝶飞出来透风了，换换气，在阳光下晒晒翅膀。

最早出现的是在阁楼上躲了一冬、黑褐色、带红斑点的荨麻蛱（jiá）蝶，还有淡黄色的柠檬蝶。

园子里

有着淡紫色胸脯和浅蓝色脑袋瓜儿的雌燕雀在公园和果园里嘹亮地歌唱着。它们凑在一起等待着各自的爱人——那些雄燕雀总是姗姗来迟。

全新的森林

全苏联的造林大会召开了。那些林务员，森林学家，农学家们齐聚一堂，列宁格勒的人也去参加了。

为了在祖国的草原地区实施造林工程，科学家们这一百多年来不断地进行科学勘察，并在实地栽种树木。他们选定了300种乔木和灌木品种，用它们在草原地区造林，这些品种都是最能适应草原生存条件的。比如，科学家们发现，把栎树跟锦鸡儿、忍冬以及其他灌木混杂着种在一起，对顿尼茨草原最适宜。

苏联的工厂制造出一种全新的机器，能使我们在很短的一段时间内栽上很大一片的树苗。现在苏联已经有好几十万公顷的造林面积了。

在最近几年内，我们国家还准备将造林面积扩大

名师评点

这里是对前文科学家们选定的适应草原生存条件的乔木和灌木品种的一个举例。使读者既清晰明了地了解了树木品种的具体情况，又不会觉得繁复拖沓。【详略得当】

到几百万公顷。有了它们，我国的田地也能有个较大的收成了。

列宁格勒 塔斯社

春天的花

在公园、花园和庭院里到处盛开着款冬花。

街上有人在卖成束的鲜花，那是他们从森林里摘下来的最早的春花。

卖花人将这花儿叫作"雪下紫罗兰"，但这花儿的颜色和香气都不像紫罗兰。其实，它们真正的名字叫蓝花积雪草。

树木也醒过来了，已经能听到白桦树的树液在树干里流动的声音了。

有什么生物漂来了

春天来了，一条条小溪在利斯诺耶公园的峡谷里缓缓地流淌着。在一条小溪上，我们《森林报》的几

位通讯员正在用石块和泥土筑一道拦水坝，大家守在那里，等着看会有什么生物漂到水塘来。

过了好久也没有东西漂来，只有一些木片和小树枝在水塘里打转转。

终于，有一只老鼠在溪底被冲了过来。它不是那种普通的长尾巴、灰毛的家鼠，而是棕黄色的，尾巴还很短，原来是一只田鼠。

名师评点

通过对田鼠尾巴、皮毛等外貌的具体描写，表现了它主要的形象特征。【外貌描写】

这只死田鼠可能已经在雪下躺了整整一个冬天。现在雪化了，溪水就把它从什么地方冲到了水塘里。

后来，一只黑甲虫流进了水塘。它在水里拼命地挣扎着，打着旋，却怎么也爬不上来。开始，大家以为它是水栖的甲虫呢，可捞起来一看，才发现原来是个地道的，最不喜欢水的陆生虫——屎壳郎。看来它也在冬眠之后苏醒了。当然了，它不是自愿掉进水里的。

名师评点

这里先写"大家以为它是水栖的甲虫"，而后又发生转折，发现它原来是屎壳郎。通过这一前后鲜明的对比，让读者对前后黑甲虫的不同产生了巨大反差。【对比手法】

不一会儿工夫，有个长着长长的后腿，一蹬一蹬的家伙自动游到水塘里了。你猜它是谁？它是青蛙！虽然积雪遍地，但青蛙一见到水马上就赶过来了。它爬上了岸，连蹦带跳地钻进灌木丛里去了。

最后，有一只小兽游了过来。毛是褐色的，长得很像一只家鼠，但尾巴比家鼠的短得多，原来这是只水老鼠。

显然，它已经把储存的冬粮吃光了，看到春天到了，就出来觅食了。

款 冬

一簇簇款冬的细茎已经在小丘上冒了出来。每一簇茎都是一个小家庭。那些细细，高高地仰着脑袋瓜儿的茎是家中的老大；那些粗粗短短，看起来有些笨拙的茎，年纪还小，所以它们紧紧地倚着高茎。

还有一种茎的表情特别滑稽，它们垂着头，弯着腰，杵在那儿，好像是因为刚刚来到世间，而羞答答的呢。

每个小家庭的成员，都是从地下的一段母根茎中生长出来的。从去年秋天开始，这段母根茎就为地上的孩子们备足了养料。现在这些养料正渐渐地被消耗着，但足够整个开花期用了。不久后，每一个小脑袋都会长成一朵辐射状的小黄花，准确地说——不是花，而是花序，是一束紧紧挤在一起的小花。

当这些花儿开始凋谢的时候，根茎里就会生出叶子来。这些叶子会制造出新的养料来储备。

尼娜·巴甫洛娃

空中传来的喇叭声

一天，列宁格勒的居民惊奇地听到从空中传来的喇叭声。晨光熹微，城市还在沉睡，街上静悄悄的，所以这种声音听起来格外响亮。眼神好的人仔细一看，就能发现有一大群大白鸟，它们的脖子又直又长，在云朵下翩翩地飞。它们是一群列队飞行，喜欢鸣叫的野天鹅。

它们每年春天都会在我们这座城市的上空飞过，它们响亮的声音就像在我们耳边吹喇叭："克阿噜——噜呜！克阿噜——噜呜！"可是在热闹拥挤的街头，人声鼎沸，还有汽车鸣叫，我们就很难听到鸟儿的声音了。

此时，它们正飞往科拉半岛阿尔汉格尔斯克地区，或者去梅津河、伯朝拉河两岸做窠。

名师评点

用"沉睡"这一形容人的词语来描绘清晨的城市，表现了城市的安静。【拟人修辞】

名师评点

把野天鹅的声音形容成喇叭声，形象地表现了它声音的响亮。【比喻修辞】

庆祝爱鸟节的入场券

我们怀着急切的心情在等待那些有羽毛的朋友们光临。学校让我们每人做了一个椋鸟小窝。于是，我们都在动手忙这件事。我们学校里面有一个木工场，那些还不会做椋鸟小窝的孩子可以去那里学习。

我们要在学校的果园里挂上许多鸟窝。希望鸟儿们能住在这里，保护苹果树、梨树和樱桃树，让那些害虫不敢来。等到欢度爱鸟节的那一天，每个学生就把自己做的椋鸟小窝带到庆祝会上。我们已经商量好了：椋鸟小窝就是每个人参加庆祝会的入场券。

《森林报》通讯员　伏罗加·诺威

名师点睛 MING SHI DIAN JING

>>>>> 赏析精粹 ▲

春天终于从森林来到了城市里，那边森林里的生机勃勃还在继续，这边城市里的热闹也开始上演了！屋顶上的猫儿们正开着自己闹腾的音乐会；过冬的麻雀们却发出了阵阵惊叫声，原来是和椋鸟打起了群架；小石蚕们蜕掉了身上的皮，变成了有翅膀的虫儿；五彩斑斓的花蝴蝶们也翩翩起舞起来；还有苍蝇虎、舞蚊、燕雀、野天鹅等醒来的小动物们，也加入了这场城市新闻播报中！

"城市新闻"这一章节通过对城市里从冬天醒来的小动物们的一系列细腻的外貌、动作描写和事迹的详细叙述，通过对款冬等植物的生动绘画，以及对小朋友们参加"爱鸟节"的叙述，并且结合比喻、拟人、对比

等写作手法形象生动地表现了春天来临城市里的热闹景象，也展现了人类与大自然的友好，更为大家展示了春天城市的美丽与生机！

知识链接

圣彼得堡

圣彼得堡，旧称列宁格勒和彼得格勒，位于俄罗斯西北部，波罗的海沿岸，涅瓦河口。它是列宁格勒州的首府，也是俄罗斯第二大城市。圣彼得堡是俄罗斯仅有的政治、经济、文化中心，也是俄西北地区中心城市，又称"北方首都"。它拥有4000多个工业企业，是俄罗斯通往欧洲的"窗口"，是一座科学技术和工业高度发展的国际化城市。其拥有众多的高等院校、科学研究机构，称为俄罗斯的科学文化首都。这里也是全俄罗斯重要的水陆交通枢纽。

集体农庄新闻

YUEDUYINYU

阅读
引语

　　不仅是城市里有新闻，集体农庄同样也有很多大事发生呢！抢救麦苗行动，土豆搬家，截留逃亡的春水，上百个小猪娃的新生，还有新鲜黄瓜的上市……农庄里还发生了哪些意想不到的事情呢？

抢救挨饿的麦苗

　　雪都化了，田里长出了绿绿的小苗，可是这些小苗又细又弱。大地还没有完全解冻，小苗的根又不能从大地母亲那里汲取足够的营养，所以这些可怜的小苗只能挨饿了！

　　可是小苗是我们的宝贝啊！它们是冬麦苗。因此人们就给它们准备好了营养：草木灰啊、鸟粪啊、厩粪汁啊、食盐啊，这些东西都是由"空中食堂"配

名师评点

　　本句将小苗喻作孩子，大地喻作母亲，写出了大地对自然生物的博大关爱，增进了亲近感。【拟人修辞】

送的。

飞机飞到田地的上空，将这些东西撒下去。这样，每一棵挨饿的麦苗都能吃得饱饱的了。

土豆搬家

土豆的种子终于搬出冷库了。

人们把它们种在温暖的土壤里面，它们兴高采烈地生长着。

逃亡的春水被截留

积雪化成的水由着自己的性子流淌，竟然想从田里逃窜到凹地里。

农场里的人们及时把逃亡的春水截留下来了，在有积雪的斜坡上拦腰筑起了一道结结实实的横墙。

留在田里的水，开始慢慢渗到土里。

田里小苗的小根已经感觉到了水的滋润，它们好高兴。

新生了100个小娃娃

昨天夜里，在猪舍里值班的饲养员们为母猪接生，接生了100只小猪。这100个小猪娃，个个肥头大耳、结结实实的，一出生就哼哼直叫。9位幸福的年轻猪妈妈，正急切地等待着饲养员把那些翘鼻头、小尾巴、红扑扑的小猪娃送过去吃奶。

绿色新闻

能在菜铺里买新鲜的黄瓜了。黄瓜花的授粉工作没有靠蜜蜂帮忙。黄瓜生长的土地，也没有靠阳光的滋润。

尽管如此，这些黄瓜依然是名副其实的黄瓜——肥肥大大，结结实实，多汁又长满了小刺。别看它们是在温室长大的，也有着真正的黄瓜清香呢！

尼娜·巴甫洛娃

>>>> 赏析精粹 ▲

　　记者们不仅搜集了城市新闻，还深入集体农庄探寻到许多有趣的新闻故事。本章中多次运用了拟人的修辞手法，将小动物的生活展现得十分透彻，同时从心理、神态、外貌等各个方面全面地叙述了集体农庄所发生的事情。比如利用"空中食堂"给挨饿的小苗们带来了丰厚的肥料，同时还巧妙地拦截了雪化的春水，用其滋润了小苗；土豆们也从冰库里搬家转移到了温暖的土壤之中生长；农场里又新添了许多新成员，一百个猪宝宝的诞生给农场带来了新的声音；就连黄瓜也不甘落后地生长，集体农庄里真可谓热闹非凡呀！

知识链接 ▲

空中食堂

　　1955年，我国首次在河北省芦台农场使用飞机为小麦追施了磷肥。几年来，为小麦、水稻、大豆、棉花追施了硫酸铵、硝酸铵、尿素、过磷酸钙等化学肥料。我国农业生产所用的肥料是以有机肥料为主。化学肥料肥效高，见效快，施用量少，施用方便，既适合于人工、地面器械撒施，又利于使用飞机作业。在我国一些劳力较紧张的地区使用飞机为农作物施肥，就可以调节农忙时劳力，加快施肥速度，满足农作物生长发育的要求，对生产有一定帮助。

猎事记

YUEDUYINYU

阅读引语

　　国家规定的春天狩猎期来了，猎人也随之进入森林打猎。他遇上了搬家的鸟儿，找到了松鸡交配的地方，还默默地目睹了露天剧场里交尾场上的表演，他获得了很多的猎物，满载而归。可是，这些是怎么做到的呢？

　　国家规定春天打猎的时期非常短。如果开春早的话，就可以早点去打猎。如果开春晚的话，那就只好推迟狩猎期了。

　　春天只能打飞禽，比如野鸡、野鸭什么的，而且只准打雄的，并不许带猎犬。

搬家的鸟儿

　　猎人白天从城中出发，天黑之前就进入森林了。

　　这个黄昏灰沉沉的，没有一丝风，下着毛毛细雨，天气非常暖

和，正是鸟儿搬家的好天气。

猎人在森林边选好了一块地方，然后站在一棵小云杉旁。周围的树木不高，全是低矮的赤杨、白桦和云杉。

离太阳落山还有十几分钟。现在还能抽一支烟，再过一会儿可就没工夫了。

猎人站在那儿听森林里各种鸟儿的歌声：鸫（dōng）鸟在枞树的尖树顶上高声鸣叫；红胸脯的欧鸲（qú）在丛林里哼着小调。

太阳下山了。鸟儿们陆陆续续地停止了歌唱。最后，连最会唱歌的鸫鸟和欧鸲也不唱了。

注意，竖起耳朵来听好了！森林的上空突然传出一阵轻响："唧唧，唧唧，嚯嚯——嚯——嚯！"

猎人打了个冷战，把猎枪搭在肩上，屏住呼吸倾听。从哪儿传来的声音呢？

"唧唧，唧唧，嚯嚯——嚯——嚯！""嚯嚯！"

还是两只呢！

两只勾嘴鹬（yù）正飞过森林上空，它们飞快地扑扇着翅膀向前飞着。

一只追着一只飞，但样子并不像是打架。看来，前面一只是雌鸟，后面那只追逐它的是雄鸟。

"砰！"

跟在后面的那只勾嘴鹬，在空中打着旋，慢慢掉进了灌木丛。

猎人飞快地跑过去，如果那只受伤的鸟儿逃走，或者躲在灌木丛里，那就很难再找到它了。

勾嘴鹬羽毛的颜色跟枯叶很像。仔细一瞧，它就挂在灌木丛上。

另外一只勾嘴鹬不知道在什么地方"唧唧""喔喔"地叫起来了。

可是太远了——猎枪打不着。猎人再次倚着一棵小云杉，聚精会神地听着动静。林子里静悄悄的，忽然又传来了这种叫声："唧唧！""喔喔！喔喔喔！"

叫声在那边，在那边——可是太远了……把它引过来吗？也许可以引得过来。

猎人把自己的帽子抛向空中。

雌勾嘴鹬此时正在昏暗中仔细寻找雄勾嘴鹬的身影。它马上看见了一件一起一落的，黑乎乎的东西。

是雄勾嘴鹬吗？雌勾嘴鹬转过头来，急急忙忙地向猎人这边飞来。

"砰！"这回它一个跟头栽了下来，一枪击毙。

天越来越黑了。"唧唧，唧唧！喔喔，喔喔"的叫声四起，一会儿在这边，一会儿在那边——不知道飞向哪边才好。

猎人兴奋得双手颤抖。

"砰！砰！"没打中。

"砰！砰！"又没打中。

还是休息一会儿，暂且放过这一两只勾嘴鹬吧！是时候该定定神了。

好了，手不抖了。

现在能开枪了。

在幽暗的森林深处，一只猫头鹰用喑哑的声音怪叫了一声。一只还在睡梦中的鹎鸟被吓醒，害怕地尖叫起来。

天黑了，就不能打枪了。

终于又响起了一只雄勾嘴鹬的叫声："唧唧，唧唧！"

从另外一边也传来了"唧唧，唧唧"的叫声。

两只雄勾嘴鹬情敌在猎人的头顶上相遇了，它们一碰上就打起架来。

"砰！砰！"两声枪响后，两只勾嘴鹬都落地了。一只像土块似的掉在地上；另一只打着旋，正好落在猎人脚旁。

现在该转移地点啦！

趁着还看得见林间的小路，应该走向鸟儿交配的地方。

松鸡交配的地方

深夜里，猎人坐在森林里吃点干粮，喝点水——这时是不能生火的，否则会吓走猎物。

等不了多久，天就快亮了。松鸡总是在天亮以前进行交配。

一只猫头鹰闷闷地怪叫了两声，将黑夜的寂静打破了。

这个大坏蛋！会把正在交配的松鸡吓跑的！

东方的天空变成了鱼肚白。听，一只松鸡低低地唱了起来，叫声隐隐约约的。它"咔嗒，咔嗒！咔嗒，咔嗒！"地叫着。

猎人跳起来，专注地听着。

听，又有一只松鸡叫了起来——就在不远处，离猎人不过150步左右的距离。随即，又有松鸡的叫声传过来了。

猎人轻手轻脚地向那儿走去。他手中端着枪，手指头扣在扳机上，眼睛盯住暗影中的粗大云杉。

只听到"咔嗒，咔嗒"的叫声停下了，一只松鸡尖声尖气地发出声音。

猎人使劲向前蹿了几步，随即就站定不动了。

松鸡的叫声停止了。四周都静悄悄的。

此时，松鸡防备了起来——它竖起耳朵听呢。这个机灵的家伙，只要树枝微微发出一点声响，它就拍着翅膀飞走，逃得不见踪影！

它没有感觉到什么异常，于是又"咔嗒，咔嗒！咔嗒，咔嗒！"地叫了几声——好像两根木棒子轻轻相撞时发出的声音。

猎人仍然站在原地不动。

松鸡又委婉地啼叫起来。

猎人向前跳了一下。

松鸡发出一阵嘶叫，不敢再唱歌了。

猎人还有一只脚没有落地，就僵在那里不敢动了。松鸡又不叫了——直愣愣地在听着动静。

后来，它又叫了起来："咔嗒，咔嗒！咔嗒，咔嗒……"

这样重复了一遍又一遍。

现在，松鸡就在猎人的眼前了——松鸡就落在猎人前面这几棵云杉上，离地面不高，就在树的半腰！

这家伙是热情昏了头，高声唱着，现在你就是对着它嚷，它也听不见了！不过，它的位置的确很难判断，在那漆黑的针叶丛里，真是看不清楚啊！

哦！原来它在那儿！就在那个茂密的云杉枝上——离猎人只不过有三十几步远。瞧，那是——它长长的、黑黑的脖子，它长着山羊胡子的脑袋瓜儿……

它不叫了，现在可不能轻举妄动……

"咔嗒，咔嗒！咔嗒，咔嗒！"……接着，它又叫了。

猎人把枪举起来，瞄准夜色中的那个黑影——一个长着山羊胡子、尾巴像展开的大扇子一样的猎物，挑中它的要害打下去。若是打在绷得紧紧的松鸡的翅膀上子弹就会滑掉，这只结实的鸟没有那么容易被打伤，要打死它还得打它的脖子。

"砰！"

眼前一片乌蒙蒙的烟，什么都看不见了，只能听到松鸡沉重的身子从树上掉了下来，压断了许多树枝。

"嘭！"——它摔在了雪地上。

好大一只雄松鸡！乌黑的身躯至少有5千克重！它眉毛像被血染过一样，通红通红的……

琴鸡交尾演出

森林里一片很大的空地上有一个露天剧场。太阳还没出来，可是四周的一切都能看清楚，因为那时恰逢列宁格勒的白夜。

聚过来一起看表演的观众，是那些身上带着麻斑的雌琴鸡，有的蹲在地上吃东西；有的矜持地坐在树上。

它们正静静地等着好戏开场。

看啊！看啊！有一只雄琴鸡飞到舞台上来了。这个浑身乌黑，翅膀上生着几道白条纹的家伙，可是这个交尾场上的主角。

它用那两只黑纽扣般大的眼睛，敏锐地看着交尾场——发现与它配戏的演员还没到场，现场只有那些等着看热闹的雌琴鸡。还有，那边怎么长出了一堆矮树丛啊？好像昨天还没有呢，真是荒唐啊——怎么一天一夜的时间里会冒出那么多一米高的云杉呢？一定是以前没记清……老糊涂了。

请开始表演吧！

这个主角又扫了观众一眼，随后将脖子弯到地，将华丽的大尾巴翘起来，将翅膀斜着奔拉到地上。

接着，它叽里咕噜地念叨着什么。台词仿佛是：我要卖掉这件皮袄，然后买一件大褂，买一件大褂！

"嘟！"舞台上又飞来一只雄琴鸡。

"嘟！嘟！"——一只又一只飞过来了，它们啪啪地弄得舞台直响。

嗬！瞧我们的主角都气疯了！它羽毛全都竖起来了。脑袋瓜儿也贴着地，尾巴大张着像一把扇子，口中发出一阵阵的怒号："呀唬，嘿！呀唬，嘿！"

这是它在对别的鸟儿宣战，台词的意思是：谁要不是舍不得掉羽毛的胆小鬼，那就过来较量一下吧！

在舞台的另一边，有一只雄琴鸡出来应战了："呀唬，嘿！呀唬，嘿！你要觉得自己不是胆小鬼，就过来比比啊！"

"呀唬，嘿！呀唬，嘿！"——嗬，这下子有二三十只雄琴鸡出来应战了，黑压压的一片，简直数不过来！只只都做好了准备打架的架势，随便你挑。

那些看好戏的雌琴鸡静静地蹲在树上，一副不动声色的神态，好像对眼前的战争漠不关心。其实，这群心眼多的美女是在耍花样呢！这出戏明明就是演给它们看的。这些抖开大大的黑尾巴、激动得眉毛都烧得火红的斗士，正是为了它们才奔向这里的！

这里的每一个斗士，都想在漂亮的雌琴鸡面前表现表现自己的勇敢和力量。傻里傻气、胆怯怕事的可怜虫们趁早滚开！只有灵活机智的勇士，才配得上美女。

看吧，好戏上演啦……雄琴鸡愤怒地挑战声响彻全场！它们低下头去，屈着身子发力，向前冲了过来……

两只雄琴鸡对掐了起来，各自朝着对方的脸上啄过去。

"啾叽，啾叽！"它们愤怒地呜咽着。

天色越来越亮了。笼罩在舞台上空的那层白夜的透明暮色已经褪去了。

云杉丛中交尾舞台上的这一大堆云杉是何时生出来的啊？有一件像金属一样的东西在闪闪发亮。

不过那个时候，雄琴鸡们可没时间往树丛里看。它们都在忙着应付对手。

交尾场的主角离树丛是最近的。这是在跟第三个对手较量了。前面的两个早被它打得不见踪影了。它真是当之无愧的主角——整个林子里数它最厉害了。不过，第三个对手也很勇敢，身手矫捷，它跳过去，狠狠地给了主角一击。

"啾叽，叽！"主角嘶哑着，恶狠狠地喊。

躲在树枝上观战的美女们此时都伸长了脖子，好戏终于开始了呢！真正的战斗就应该是这样！这第三只是不会被吓跑的，无论怎样都不会。两个敌人都跳了起来，扑扇着结实的翅膀，在半空中厮打着。

啄了一下，又啄了一下——也弄不清是谁在啄谁了。两个敌人都摔在了地上，分头跳向两边。年轻的那只，翅膀上有两根硬翎断了，身上那些蓝色的羽毛凌乱地竖在身上；年老的那只，红眉毛下竟然淌着血——它的一只眼睛被啄瞎了。

那些美女们坐立不安了。到底谁赢了？莫非是年轻的打败了年老的？看那年轻小伙子多帅啊：密密的羽毛闪着蓝色的光芒，尾巴上布满花斑，翅膀上长着色彩夺目的花纹。

看啊看啊，两个敌人又跳起来厮打，年老的压住了年轻的！

又双双跌倒，向两边跳开了。

又厮打在一起。年轻的占上风！

现在终于到最后一场搏斗了。看吧看吧……

摔在一起了，可又跳开了！

又跳起来，扭成一团啦。

"砰！"一声枪响传出，雷鸣似的响彻整个森林，小云杉丛里升起了一团青烟。

交尾场上的时间仿佛静止了。树上的雌琴鸡们呆呆地伸长了脖子。雄琴鸡们惶恐地扬起了红眉毛。

发生什么事儿了？

没什么事儿啊，眼下还是太平景象。

没有生人闯进来。

一片寂静。云杉丛中的烟消散了。

一只雄琴鸡回过头来，一眼瞧见它的对手就站在面前。它纵身一跳，照准那敌手的脑袋啄去。

表演接着进行，一对对雄琴鸡又打了起来。

可是树上的美女们看见了：刚刚搏斗的那一老一少，双双倒在地上死了。

难道是它俩互相把对方打死了吗？

表演在继续进行着，应该把目光转向舞台上才对。现在哪一对的搏斗最精彩？今天哪一位黑斗士能成为最后的胜者？

当太阳照在森林上空时，表演结束了，鸟儿们也全都飞走了。一位猎人从云杉枝搭建的小棚子里走了出来。他先拾起了舞台主角和它的年轻情敌。这两只鸟儿全身是血——它们从头到脚都中了子弹。猎人把它们塞到怀里，接着捡起被他打死的另外3只雄琴鸡，扛起枪，走上了回家的路。

猎人在穿过森林时，不时地竖起耳朵，东张西望，生怕碰见什么人……原来他今天做了两件亏心事：一是他在禁猎期射死了在交尾场上的雄琴鸡；二是他打死了资深的老主角。

明天，露天剧场上的戏不能继续了，因为没有主角来带头演了！

交尾场的表演不见了。

《森林报》特约通讯员

名师点睛

>>>>> **赏析精粹**▲

本章描绘的是猎人进入森林里一天的打猎生活。叙述中掺杂了很多猎人的心理描写，如："叫声在那边，在那边——可是太远了……把它引过来吗？也许可以引得过来。"这种猎人内心的心理活动可以体现猎人自身的性格，谨慎小心；同时还有很多关于他动作的细节描写："猎人在穿过森林时，不时地竖起耳朵，东张西望，生怕碰见什么人……"这是因为他在打猎的过程中触犯了禁忌，所以做贼心虚的表现，这些都很细腻地塑造了猎人的人物形象。

松 鸡

松鸡体态结实，喙短，呈圆锥形，适于啄食植物种子；翼短圆，不善飞；脚强健，具锐爪，善于行走和掘地寻食；鼻孔和脚均有被羽，以适应严寒。雄性羽色鲜艳，拥有巨型大的肉冠和美丽的羽毛。它们栖息于落叶松、云杉、红松和冷杉的针叶林带，常在较大的林间空地、林缘及阳坡草丛或灌丛中活动，晚上主要栖宿在落叶松树上，冬季常在地面的雪穴中过夜。其主要以植物性食物为食，食性较广。它们主要分布于欧洲、西伯利亚、中亚、蒙古西北部和新疆北部的阿尔泰山。

候鸟归乡月（春季第二个月）

一年12个章节的太阳诗篇——四月

阅读引语 YUEDUYINYU

　　积雪初融，天气转暖，原本被寒冬冻结的活力一下子迸发了出来！远去他乡的候鸟们也排除艰难万险，陆续回到了家乡。但是为什么有些鸟儿的脚上有一个奇怪的脚环呢？它究竟是什么呢？一起来揭秘吧！

　　4月是积雪融化的月份！4月里，万物还没有完全苏醒，但4月的风就已经扑面而来了，这就是说明天气就要转暖了。你看吧，美好的事情还会接着发生！

　　春季的第二个月里，溪水会从山上流淌下来，鱼儿钻出水面。春天扫光了覆盖在大地上的积雪，又再接再厉地融化着水面上的浮冰。雪水汇成了小溪，小溪又悄悄流入了江河，江河里的水上涨，摆脱了浮冰的羁绊。春水泛滥在山谷间。

　　被春水和春雨滋润好了的大地，又披上了绿衣裳，上面还点缀着娇美的花儿。森林却还是赤条条地站在那儿，静静地等待着春天的恩惠。不过，树液已经在暗暗地流动了，树芽都爆了，春花满地，朵朵含笑。

鸟儿回乡潮

如汹涌浪潮般的鸟儿，大批大批地从越冬地飞回故乡。它们飞行时秩序井然，队列整齐，按照次序行进。

今年，鸟儿们还是守着千百年来的老规矩，按照一直以来的路线一如既往地飞行。

最先动身的，是去年最后飞离的那些鸟儿。最后上路的，是去年秋天最先飞离的鸟儿。最晚回来的，是那些有着华丽羽毛的鸟儿：它们非要等到草丰叶茂后才回来，如果回来早了，落在光秃秃的大地和树木上的它们过于显眼。现在，我们这儿没有能掩护它们的东西，使它们不容易躲避猛兽和猛禽。

鸟儿迁徙的空中路线，正好穿过我们市和列宁格勒州的上空。这条线路叫作波罗的海线。

这条空中路线一边是阴霾冰冷的北冰洋，一边是晴朗明媚的炎热地区。无数海鸟和在海滨上过冬的鸟都按照自己的行程，一队队地在空中飞行，队伍数不胜数。它们沿着非洲海岸，穿过地中海，经比里牛斯半岛海岸及比斯开湾海岸，越过一条条海峡、北海和波罗的海。

一路上它们历经诸多磨难。在这群羽族旅行者的面前，有墙壁一样的浓雾，有昏暗的迷阵，它们左冲右撞，有的迷了路，有的被尖削的岩石撞得粉身碎骨。

海上突然出现的暴风雨将它们的羽毛和翅膀折断，把它们卷进大海里去。

海上突然出现的寒流将海水冻成冰，有些鸟在饥寒交迫中死在半路；还有成千上万的鸟被雕、鹰和鹞吃掉，这些猛禽成群地守在这条路线上，不用费什么力，专门等着这些美味送上门来；也有成千上万只候鸟，死在猎人的枪下。我们在这期《森林报》上，登了在列宁格勒附近打野鸭的故事。

然而，什么也阻挡不了羽族大队伍！它们穿过云雾，冲破一切阻力，向它们的故乡飞去，它们要回来啦。

我们这儿的候鸟有些是从印度飞来的；而扁嘴鳍鹬的越冬地更远，竟然是美洲。它们穿过亚洲，急急忙忙从越冬地返回阿尔汉格尔斯克附近的故居，大概需要飞1500公里，费时两个月。

戴脚环的鸟

你要是打死了脚上戴着金属环的鸟，那么请你把这环取下来，寄到脚环中心去吧！地址是：莫斯科，K-9，列宁大街6号。并请附一封信，在信中写明这只鸟被打死的时间和地点。

你要是捉到一只脚上戴着金属环的活鸟，那么请你记下脚环上的字母和号码，把鸟放生，然后写一封信，把你发现的字母和号码寄给上述单位。

要是打死或捉到这种鸟的人不是你，而是你认识的猎人或是捕鸟人，那么请你告诉他应该这样处理。

有关单位的工作人员把一种分量很轻的铝环套在鸟儿的脚上。环上的字母，表示的是给鸟戴上脚环的国家和研究鸟儿的科学机构。至于那些号码——是科研人员的编号，在他们那里都有存底，是为了注明他给这只鸟戴上脚环的时间、地点。

科研人员们用这种方法来考察鸟类生活的惊人秘密。

这样的话，我们在遥远的，苏联北方的某地为一只鸟戴上脚环，即便后来它在非洲南部或是印度的什么地方被人抓住了，脚环也能被寄回来。

不过我们这儿的候鸟，并不全是飞往南方过冬的，也有飞去西方、东方的，甚至有的飞往北方！我们就用给候鸟戴脚环的办法，来探寻它们生活中的秘密。

MING SHI DIAN JING
名师点睛

>>>> **赏析精粹**▲—

"候鸟归乡月"主要通过描写4月积雪融化，天气转暖后候鸟大批归家以及科研人员们利用"戴脚环的鸟"做研究这两个事件来表现春季第二个月发生的变化以及候鸟归乡这一突出现象。既点明了候鸟归乡的季节，又为读者普及了科学常识。

文章主要从描写候鸟归乡的壮观场景这一正面和科研人员研究"戴脚环的鸟"事件这一侧面，来突出"候鸟归乡"的主题思想，达到多角度、

多方面突出表现的效果。另外，还通过夸张、拟人、对比等修辞手法和环境描写、细节描写、侧面描写等写作手法来表现归乡候鸟的数量之多、过程之艰巨。

知识链接

印　度

　　印度，位于亚洲南部，是南亚次大陆最大的国家，与孟加拉国、缅甸、中国、不丹、尼泊尔和巴基斯坦等国家接壤。古印度人创造了光辉灿烂的古代文明。作为最悠久的文明古国之一，印度具有绚丽的多样性和丰富的文化遗产与旅游资源。印度是世界三大宗教之一——佛教的发源地，还是世界上发展最快的国家之一，但也是个社会财富分配极度不平衡的发展中国家。印度已经成为软件业出口的霸主，金融、研究、技术服务等也将成为全球重要出口国。

林中大事记

YUEDUYINYU

阅读引语

　　满路的泥泞增加了编辑们获取情报的难度，但是沿路的风景却让大家感到了春的气息——柳树开花了，蝴蝶开始翩翩起舞了，蚂蚁们开始劳动了，动物们也从冬眠中苏醒了……春姑娘带来的消息都是那么的美好！

泥　泞

　　现在郊外满地泥泞，雪橇和马车都无法在林间道路和村道上走。我们为了获得森林里的一点消息，可费了大劲了。

从雪底钻出的浆果

　　林子沼泽地里的蔓越橘从雪底钻出来了。村子里的孩子们纷纷

跑去采，他们认为，越冬的陈浆果比新结的果子甜多了。

昆虫过节喽

柳树开花了。它的花儿就是轻盈的鲜黄色小球，这些花儿布满了它粗糙的灰绿色枝条。所以整棵树显得毛茸茸、轻飘飘的，洋溢着一团喜气。

柳树开花的时候就是昆虫的节日啊！在那穿着漂亮的树丛中，昆虫们像在过一个热闹、快活的枞树节似的。丸花蜂嗡嗡地上下翻飞；苍蝇昏头昏脑地瞎撞着；勤劳的蜜蜂在拨弄着一根根纤细的雄蕊，快乐地采集花粉。

蝴蝶在翩翩起舞。你瞧，这一只翅膀上长着雕花图案的黄蝴蝶，叫柠檬蝶；那一只眼睛很大的棕红色蝴蝶，叫荨麻蛱蝶。

这边还有一只长吻蛱蝶悄悄地落在毛茸茸的柳树花上面了，它那暗黑色的翅膀严严实实地遮住小黄球，此时它正在用吸管深深地伸到雄蕊之间去吸吮花蜜。

在这一簇生机盎然的柳树丛旁，还有一簇柳树，它们也开花了。不过，它们的花儿完全是另一番模样，是些不好看的、蓬松的灰绿色小毛球儿。上面趴着一些昆虫，不过它周围就没有旁边这棵树周围热闹了，然而那棵树上正在结籽呢！原来小飞虫们已经把小黄球上的黏花粉搬到灰绿色小毛球身上了。不久后，它小瓶子似的长长雌蕊里，都会结出种子的。

荑荑花序

许多荑荑花序在江河和小溪的两岸以及森林的边缘地带绽放了。这些花序不是从刚刚解冻的土地上钻出来的，而是在被春光晒得暖洋洋的树枝上绽放。

一串串长长的浅咖啡色小穗儿，此时正挂在白杨和榛树上，这些小穗儿就是荑荑花序。

它们还是去年长出来的，不过，过了一个冬天后，它们就变得更加牢固结实。现在它们舒展开了，显得又松又软。

你摇动一下树枝，它们就飘出一缕缕烟尘般的黄色花粉。不过，在白杨和榛树的枝丫上，除了飘出花粉的荑荑花序以外，还有另一种花——白杨的雌花。这些雌花是褐色的小毛球儿；榛子的雌花则是粗实的苞蕾，苞蕾中伸出了些粉红色的细须，看上去好像是躲在苞蕾中的昆虫的触须似的——其实那是雌花的柱头。每朵雌花都有少到两三个，多到甚至五个的柱头。

白杨和榛子的叶子现在还没长出来，风自由自在地在光秃秃的树

枝间穿过，吹动了菜黄花序，风挟着它的花粉，从一棵树撒到另一棵树上去。像粉红色须子的柱头把花粉接住——这些刺毛似的模样古怪的雌花受精了，到秋天后，它们将成为一颗颗榛子。白杨的雌花也会受精，等到秋天了，它们将成为包着种子的小黑球果。

蝰蛇的日光浴

有毒的蝰（kuí）蛇天天早晨都会晒太阳。它会吃力地爬到干枯的树墩子上，因为天气很冷，它身体里的血液还是凉凉的。蝰蛇晒暖和后，就变得活泼起来，然后就去捕捉青蛙和老鼠了。

蚂蚁窝有点动静了

【名师评点】

这里用"垃圾""枯针叶"来形容蚂蚁窝，夸张地体现了它的杂乱和暗淡，也形象地表现了蚂蚁窝的外表令人出乎意料。【比喻、夸张】

我们发现了一个大蚂蚁窝，是在云杉树底下。起初，我们还以为那不过是一堆垃圾和枯针叶呢，怎么也没想到那是蚂蚁窝，因为我们之前没看见一只蚂蚁啊！

现在，蚂蚁窝上的雪化了，蚂蚁们都爬出来晒太阳了。经历了长时间的冬眠后，蚂蚁们的身体非常虚弱，粘成黑黑的一团，都躺在蚂蚁窝上。

我们轻轻地用小木棍儿拨弄它们，它们只勉强地动弹动弹。它们连向我们喷射有刺激性的蚁酸的力气都没有了。

还得再过几天，它们才会重新开始干活儿。

还有谁苏醒了？

从冬眠中醒来的还有蝙蝠和好多种甲虫，扁扁的步行虫啊，圆圆的黑屎壳郎啊，还有叩头虫，等等。叩头虫会做惊险的表演——只要它仰面朝天，就会把头吧嗒一点，蹦个高儿弹了起来，然后在空中翻个跟头，稳稳落在地上。

此时蒲公英也开花了，白桦周身泛出了绿色的光芒，眼看就要冒出叶子了。

第一场雨过后，地面上爬着粉红色的蚯蚓，羊肚菌和鹿花菌等菌类也钻出头来。

池塘里

一片生机勃勃的景象出现在池塘里。青蛙离开了它在池塘淤泥中用水藻铺成的床，产下卵后便跳上了岸。

而蝾螈（róng yuán）却正好相反，现在它们正从岸上回到水里。橙黑色的蝾螈拖着一条大尾巴，它长得不太像青蛙，倒有点像蜥蜴。冬天一到，它们就会离开池塘去森林里，钻进潮湿的青苔里冬眠。

癞蛤蟆也苏醒了，也产卵了。不同的是，青蛙卵像一团团漂浮在水上的胶冻，上面全是小泡泡，每个泡泡里都有个圆圆的小黑点。而癞蛤蟆卵却是一串串的，有一根细带子把它们串在一起，然后附着在水草上。

森林里的清洁工

当冬天的严寒骤然到来时，有些措手不及的飞禽走兽会被冻死，埋在了雪下。当春天来临时，它们的尸体就露出来了。不过，它们的尸体不会留在那里很久的——熊啊，狼啊，乌鸦啊，喜鹊啊，埋粪虫啊，蚂蚁啊，还有其他森林清洁工会处理的。

它们是在春天开花吗？

现在可以看到很多植物开花了，比如三色堇、荠菜、遏蓝菜、繁缕、欧洲野菊什么的。

你可别以为这些草也是从地底下钻出来的，跟春天开花的雪花莲一样。雪花莲是"先探出绿色的梗，然后拼尽它那小小的力气一伸腰"，它的小花就绽放了。

而三色堇、荠菜、遏蓝菜、繁缕和欧洲野菊一直在寒冬中傲立，它们的花朵一直盛开着。等到盖在它们头上的残雪化尽，它们就苏醒了，已绽放的花朵和含苞欲放的蓓蕾也水灵灵的了。

去年晚秋时草茎上还有一些蓓蕾，现在都开出了花儿，正在草丛里望着我们呢。

你说，它们怎么能算是在春天开的花呢？

尼娜·巴甫洛娃

白寒鸦

在小雅尔契克村的学校附近，有一只传奇的白寒鸦，它总是和一群普通的寒鸦一起生活。老年人都说过去从未见过这样的鸟儿。我们这些小孩子实在弄不明白：怎么会有这么传奇的白寒鸦呢？

《森林报》通讯员　波良·西林采娜葛勒·马斯洛夫

来自编辑部的解答

正常的鸟兽有时会生下全身雪白的幼鸟幼兽。科学家认为：这是因为它们患了色素缺乏症。

这种疾病的症状有两种——一种是全身雪白，一种是部分雪白。患这种疾病的鸟兽体内缺少染色体也就是能使羽毛和兽毛有色的色素。

患色素缺乏症的家畜有很多，像白家兔、白鸡、白老鼠。

但生来就患色素缺乏症的野生动物并不多见。

患色素缺乏症的野生动物是难以生存的。有的刚生下不久就会被亲生父母咬死，侥幸活下来的，一辈子都要遭受同类的迫害。即便它能像小雅尔契克村的那只白寒鸦那样，被亲族们接纳，也往往活不长。因为大家一眼就能看见它，而那些猛禽猛兽更不会放过它。

稀罕的小动物

有一只啄木鸟在森林里尖叫了起来。我一听那刺耳的叫声就知道：啄木鸟遇到麻烦了！

我穿过密林一看，空地的枯树上有个规规整整的窟窿——那是啄木鸟的窠。有一只罕见的小动物正顺着树干朝那里爬过去。我认不出来这是哪一种动物！它全身灰不溜秋的，尾巴短短的，没多少毛；耳朵像小熊的耳朵似的，小小的，圆圆的；眼睛像猛禽的眼睛，又大又凸。

这个小东西爬到洞口，往里面瞧了几眼，看来它是想吃鸟蛋……啄木鸟猛地向它一扑！小兽赶快闪到树干后面。啄木鸟追着它，小兽围着树干滴溜溜转，啄木鸟也跟着它转圈。

小兽越爬越高——快爬到树干的尽头了，此时它就要走投无路了！啄木鸟笃地狠狠啄了它一口！小兽纵身一跳，从空中滑翔到地面……

它伸开四只小爪子——像秋天落下来的一片枫叶似的，随着风飘走了。它的身子轻轻地左右摆动着，它的小尾巴像掌舵似的在转动着。它飞过了空地，落在了一根树枝上。

此时我才弄明白，原来它是一只会飞的鼯（wú）

> **名师评点 >>>**
>
> 这里通过对小兽尾巴、毛发、眼睛等部位的外貌描写来侧面表现它的机灵和小巧。【侧面描写】【外貌描写】

鼠。它的两胁上长着皮膜。它只要蹬着四条腿，打开两胁的皮膜，就能飞了。它是森林里的跳伞运动员！只可惜这种小动物太稀少了！

《森林报》通讯员 尼·斯拉底科夫

名师点睛

>>>>> **赏析精粹**▲

　　"林中大事记"这一章节主要描述了森林里翩翩起舞的各种各样美丽的蝴蝶，刚刚绽放在江河和小溪两岸以及森林边缘的菜荑花序，怕冷、爱晒太阳的蝰蛇，拖着一条大尾巴的橙黑色的蝾螈等从冬眠中苏醒的动植物们。它们为这片森林增添了活力，使其向春天过渡着。

　　文章主要从描写森林里动物们从冬眠中的苏醒和植物的飞速生长两个角度来表现春天到来后森林里的变化，具有典型性和代表性。同时，文章的叙述有条不紊，且从动植物的外貌、习性等方面多角度描写，使文章内容丰富有趣。另外，夸张、比喻等修辞手法和细节描写、景物描写、侧面描写等写作手法的适当运用使文章内容更加充实有趣。

蝾 螈

蝾螈是有尾两栖动物，体形和蜥蜴相似，但体表没有鳞，也是良好的观赏动物，包括北螈、蝾螈、大隐鳃鲵——一种大型的水栖蝾螈。它们大部分栖息在淡水和沼泽地区，主要是北半球的温带区域。它们靠皮肤来吸收水分，因此需要潮湿的生活环境。环境到摄氏零下以后，它们会进入冬眠状态。蝾螈是在侏罗纪中期演化的两栖类中的一类。目前存活的约有400种，它们一般生活在淡水和潮湿林地之中，以蜗牛、昆虫、及其他小动物为食物，亦称水蜥或水栖蝾螈。水栖者皮肤光滑，称蝾螈；陆栖者皮肤粗糙，称水蜥。体躯细长，尾呈侧扁状，高大于宽。各种蝾螈或在陆地或在水中生活，但常在春季返回到池塘或溪流繁殖。

飞鸟带来的快报

YUEDUYINYU
阅读引语

雪融化地很快，森林因此发了大水。小动物们的生活受到了什么影响呢？它们是如何应对这次水灾的呢？还有，鱼儿在寒冷的冬天都会做些什么呢？

春　汛

春天给林中的动物带来许多灾难。雪融化得很快，导致河水泛滥淹没了两岸。有些地方已然洪水成灾。我们接到来自四面八方动物受灾的消息。最倒霉的是兔子、鼹鼠、田鼠以及一些在地上和地下居住的小动物。水闯进了它们的家，它们只好逃出来了。

每一只小动物都想尽办法自救。小小的鼩鼱从地洞里逃了出来，它爬上灌木丛苦等大水退去，因为一直挨饿，所以一副可怜巴巴的样子！

当大水漫上岸时，地洞里的鼹鼠差一点儿被闷死。它逃出地洞，蹿到水里游了起来，四处寻觅一个干燥的地方待着。

鼹鼠是个出色的游泳运动员。它畅游了几十米后，终于找到一个满意的地方。它非常庆幸，自己那油黑晶亮的毛皮浮在水面上时居然没有被猛禽发现。

它上岸后，又很麻利地钻到地下了。

树上的兔子

有一只兔子遭遇了以下经历。

这只兔子住在一条大河中的小孤岛上。它每天夜里都出来啃小白杨树的树皮吃，白天它害怕被狐狸或者人发现，就躲在灌木丛里。这只兔子年龄尚小，而且有点笨笨的。有一天，河水泛滥，把许多浮冰冲到了小岛四周，发出噼里啪啦的响声，可是这只小兔子根本没有察觉到。

那个时候，兔子正躺在灌木丛里舒舒服服地睡大觉呢。它被太阳晒得暖暖的，所以没有发现河水在疯涨。直到它身下的毛湿了，这才醒了过来。等到它跳起身时，四周已是一片汪洋了。

大水来了！现在水刚浸到兔子的爪子，它向岛中央蹿去，那里没有被水淹没。

可是河水涨得快极了。小岛上的干地面越来越小，越来越小。小兔子蹿来蹿去，十分慌张。眼看着整个小岛就要被淹没了，可它又不

敢往湍急冰冷的水里跳。它怎么能游过去呢！它苦熬了整整一天一夜。

到了第二天早晨，只剩下一小块干地了，地上有一棵粗大的树，树干上长满了节疤。这只吓得没了魂儿的小兔子，绕着这棵树瞎跑。

到了第三天，大水已经漫到树跟前了。兔子急忙往树上跳，可是每次都"扑通"一声掉下来，跌到了水里面。最后，兔子终于够到了那根最低的粗树枝，它就待在那上面默默地等着大水退去了。此时河水已经不再上涨了。

小兔子并不担心会饿死，因为尽管老树皮又硬又苦，但是还可以勉强充饥。倒是风让它感到害怕。树被风吹得东摇西晃的，小兔子几乎要被甩下来了。它现在就是水手，水手是趴在船桅上的，而此时，它脚下的树枝也像是剧烈摇摆中的船桅，下面奔流着一眼望不到底的冰冷河水。

整棵的大树啊，木头啊，原木啊，稻草啊，还有动物的尸体啊，全都在宽阔的河面上漂流着，漂过兔子身下。只见有一只死兔子，在波涛里晃晃悠悠地慢慢漂过它身旁，这只可怜的兔子吓得浑身直哆嗦。它那只已死去的可怜的同类，被水中的一根枯树枝绊住了，于是它肚皮朝天，四脚僵直，随着树枝漂流着。

名师评点

通过对小兔子心理活动的描写，来形象地描述故事的发生，同时也引出后文的一系列情节。【心理描写】

这只小兔子在树上待了3天3夜，大水才退去，小兔子跳到了地上。

现在，它依旧住在这座孤岛上；直到夏天河水的水位变浅了，它才能跨过浅滩搬到岸上去住。

乘船的松鼠

渔人在一片水洼中布下袋形网捕鳊（biān）鱼。他划着一只小船，慢慢地穿行在那些冒出水面的灌木丛中。他发现在一棵灌木上，好像长出了一团奇怪的，浅棕黄色的蘑菇。那只蘑菇居然冷不丁地跳到渔人的小船里。渔人定睛一看，原来这是一只毛乱蓬蓬的、湿淋淋的松鼠。

松鼠被渔人送到了岸边，它马上跳下船来，蹦蹦跶跶地钻到树林里了。谁知道它怎么就会出现在水中的灌木上呢？谁又知道它在那里待了有多久呢？谁都不知道。

> **名师评点>>>**
>
> 大千世界每时每刻都有我们所不知道的事情在发生，大自然是神秘的，还有很多秘密等待着我们去挖掘。【设问】

连鸟类都遭殃了

鸟类并不怎么害怕发大水这件事。可是，如今它们也因此而饱受折磨呢！有一只淡黄色的鸫鸟在一条大渠的边上筑了窝，在窝里生下了蛋。大水来了，冲毁了鸟儿的窝，也冲走了窝里的蛋，鸫鸟只好重新再建一个家了。

树上的沙锥焦急地等着大水退去。沙锥是住在林中沼泽地里的一种动物，专门靠它那长长的嘴在软软的稀泥里觅食。它那双天生就便于在地上行走的脚，如果要一直站在树上，就好比让狗站在栅栏上那么别扭。但它不得不待在树上，只能盼着自己能够早点走在泥沼地里用长嘴刨食。它是离不开那块沼泽地的！因为，别的同类占据了其他领地，它们是不会让它过去觅食的。

意外收获的猎物

某天，我们的一位《森林报》通讯员，同时他也是一位猎人，悄悄地靠近了一群栖息在湖中灌木丛后面的野鸭。猎人脚踏高统胶靴，小心翼翼地在水上穿行，漫上湖岸的水没过了他的膝盖。

这时，他突然听见正前方的灌木丛后面有鱼儿扑腾的声音，接着他看到一只怪物露出了长长的、光溜溜的、灰色的脊背。他当下没有多考虑，就用准备用来打野鸭的霰弹对着那不知名的怪物连开了两枪。灌木丛后的浅水一阵翻腾，激起了许多波浪，后来就悄无声息了。猎人走上前去一看，原来射杀了一条约有一米半长的梭鱼。

眼下正是梭鱼产卵的时节，梭鱼从河中、湖里，游到被春水淹没了的岸上的草丛中产卵。小梭鱼孵出来之后，就会随着退下来的水再回到河中、湖里。猎人没有想到这回事。否则，他一定不会干这种违法的事——法律禁止人们开枪捕猎春天游到岸边产卵的鱼——连捕猎梭鱼和其他食肉类的鱼也不行。

残余的冰块

曾经有那么一条冰道，横穿小河的河面，这条冰道是人们驾着雪橇行走的路。可是春天光临后，河面上的冰就浮了起来，逐渐断裂了。于是，这一段冰道就晃晃悠悠的，随着流水往下游漂去了。

这块断裂的冰块很脏，残留着马粪、雪橇的车辙印和马蹄印，还有一颗马掌上的钉子。刚开始，冰块是漂流在河床里的，有一些小白鹡鸰不时从岸上飞到冰块上面，啄食那些浮在冰上的小苍蝇。到后来，大水漫过堤岸，这大冰块也被冲进草场了。鱼儿快乐地穿梭在由草场变成的水泽之中，还会在冰底下游过。

一天，有一只黑色的小野兽，从冰块旁边的水面钻了出来，爬上这块冰块，原来这是一只鼹鼠。草场被大水淹没了，地底下没办法顺

畅呼吸，所以它就浮出水面，寻找别的去处。恰巧这漂浮冰块的一角被一座土丘挂住了，鼹鼠赶紧跳上土丘，麻利地挖了个洞钻进去了。

流水继续推着冰块向前走着。它漂啊，漂啊，来到了森林，撞到了树墩，又被挡住了。于是冰块变成了一大群遭遇水灾的陆栖小动物——森林鼹鼠和小兔子的家。这些落魄的小动物们遭受了同样的灾难，都被死亡威胁着。这些小可怜们饥寒交迫，都被吓坏了，它们彼此紧紧地挤成一团。幸好大水很快就退了，冰块也被阳光融化了，只把那马掌上的钉子留在了树墩上。小野兽纷纷跳到地面上，各奔西东了。

在河里、湖里

密密匝匝的木材漂浮在小河里——人们开始借助河水来运输冬天砍伐的木材了。木筏工人在小河汇入江湖的地方筑了一道坝，将小河口堵住了，然后在那里将拦住的木材编成木筏，让这些木筏继续向前流。

有几百条小河穿行在列宁格勒州的密林里，有不少都汇入了姆斯塔河，姆斯塔河则注入伊尔明湖，从伊尔明湖流出的宽阔的伏尔霍夫河会注入拉多加湖，从拉多加湖中又会流入涅瓦河。

伐木工人冬天的时候会在列宁格勒州的密林里伐木。春天一到，他们就让小河把木材带走。于是，那些木材就会顺着大大小小的河道漂流了。有时候，寄居在木材里的木蠹蛾也会跟着到列宁格勒来了。

工人们常会遇到各种各样的趣事。他们中的一个人给我们讲了这么一个故事：一天，他看见一只松鼠坐在小河边的树墩上，用两只前爪抱着一颗大松果在啃。这时，突然有一只大狗汪汪叫着从树林里冲了出来，死命向松鼠扑过去。松鼠如果逃到树上去就能逃生了，但附近一棵树都没有。松鼠急忙丢下大松果，把它毛蓬蓬的大尾巴翘到背上，向小河边飞奔过去。狗在后面猛追。那时，河面上正浮着密密匝匝的木材。松鼠赶忙跳到了离自己最近的那根木头，一根接着一根地向前跳。狗儿也不顾一切地跟着跳上了木头。可是狗的腿又长又僵硬，怎么能在上面跳呢？木材在水面上打着滚儿，狗的后腿一打滑，前腿也不稳，就掉进水里。这时，又有一大批木材浮在河面上，转眼间狗就不见了。那只机灵轻巧的松鼠，此时正蹦蹦跶跶地跃过一根又一根的圆木，很快就蹿到对岸了。

还有一个伐木工人看到了一只棕色的怪兽，这只怪兽有两只猫那么大。它趴在一根单独漂浮的木头上，嘴里还叼着一条大鳊鱼呢！

这家伙舒展了身子，安然地吃完美餐，挠了挠痒痒，打个哈欠就钻进水里了。

原来，这是一只水獭。

鱼儿在冬天干什么

在天寒地冻的冬天，鱼儿们几乎都在睡大觉。

早在秋天的时候，鲫鱼和冬穴鱼就去河底的淤泥里睡觉了。鮈（jū）鱼和小鲤鱼则在有沙底的水洼里过冬。鲤鱼和鳊鱼去长满芦苇的河湾或是湖湾里的深坑里躺着。鲟鱼一到秋天，就去大河底的沟里扎堆，密密麻麻地住在一起。冬天的严寒是冻不透那里的，河水越深，底部的水就越暖和。

还有一些鱼不冬眠。这些鱼冬天的时候都干什么呢？你们看了这期的《森林报》就知道了。

上面提到的冬眠鱼，现在都睡醒了，开始忙着产卵去了。

>>>>> 赏析精粹 ▲

森林里发了大水，各地的小动物都受到了水灾的侵袭。泛滥的春水不但冲毁了兔子、鼹鼠、田鼠的家，鸟类的巢和蛋也被冲走了。作者采用——列举的表现手法向我们展示了小动物们是如何受到水灾的侵袭的，描写的生动具体，如通过描写小兔子的心理活动来阐述洪水的发生，读之有种身临其境的感觉，令读者很容易想象到当时水灾的来势是多么地凶猛。

紧接着，作者又借助猎人之口向我们讲述了发生在森林里的有趣事情，充满了神秘感的大自然在等待着我们去探索。当然，巨大的洪水虽然给小动物们带来了灾难，但是它也开辟了一条新的运输路线——水上运输。

知识链接

春 汛

春天，随着气温的逐渐回升，流域上的季节性积雪开始融化，河里的冰开始解冻，再加上春雨，河水很容易上涨。我们将此时的河水上涨称为春汛。积雪消融时，会消耗大量的热量，因此，很多人都会有这样的感觉：融雪天比下雪天还要冷。

春汛期间，由于大地上的气温还不能出现实际意义上的上升，因而便有了"倒春寒"的出现，这个时候，农民都会注意给农作物采取一些防冻的措施。春汛是灌溉农田的宝贵资源，与农牧业生产密切相关，如果春汛不足，便会发生春旱。

祝您钓到大鱼！

阅读引语 YUEDUYINYU

　　河水解冻了，终于可以去河边钓鱼了。钓鱼是一件非常讲究技巧的事情，那么，应该去什么地方钓鱼呢？水中的鱼最喜欢吃什么样的鱼饵呢？怎样做才能钓到大鱼呢？

　　古代有一种非常可笑的习俗——每逢猎人外出打猎时，别人总要送他类似这样的话："祝您连根鸟毛都抓不到！"可对外出钓鱼的人却说："祝您钓到大鱼！"

　　我们《森林报》的读者里有不少喜爱钓鱼的。我们不仅为他们送上美好的祝愿，还准备为他们献上最诚恳的忠告，告诉他们："什么鱼何时、在哪儿容易上钩。"

　　河水解冻后，就要赶快用蚯蚓当食饵去钓山鲶鱼了，要把蚯蚓食饵垂到河底哦。只要池塘里和湖里的冰融化了，就可以钓红鳍鱼了。红鳍鱼喜欢在岸边去年的陈草丛里逗留。再过一段日子，就可以用底钩钓小鲤鱼了。当河水逐渐清澈以后，就可以用小活鱼这样的饵料、绞竿、鱼叉等工具捞大鱼了。

我国著名的捕鱼专家库尼罗夫曾说："捕鱼人应该搞清楚鱼类在不同季节的各种天气条件下的各种生活习性，当他在河边或是湖岸时，就有可能找到容易让鱼儿上钩的好地方。"

春汛过去后，河岸重新露了出来，河水也变得清澈了。现在正是钓梭鱼、硬鳍鱼、鲤鱼和鳜鱼的好时机。要在以下这样的地方钓鱼：河口里、浅滩、石滩旁、陡岸、深湾附近，尤其是那些岸边有淹在水中的乔木和灌木的地方；还有啊，在水面平静，可以将鱼钩抛到水中的河道狭窄区；在桥墩下、木排或是小船上；在水磨坊的河堤上……对上述地方而言，无论从两岸树丛下的深水还是浅水里，都可以钓到鱼。

库尼罗夫还曾说："普通的，带浮标的那种钓鱼竿，无论在各种水域，从初春到深秋都能用。"

我们从5月中旬开始，便可以用红虫子当饵，在湖泊和池塘里钓冬穴鱼了；再晚一阵子，就到了钓斜齿鳊、鳜鱼和鲫鱼的时候了。钓鱼的好地方是：岸边的草丛里、灌木丛旁和1.5米到3米深的河湾处。不要在一个地方钓太久——如果鱼不再上钩了，就换到另一丛灌木处，或是去芦苇丛、牛蒡丛。坐在小船上更容易钓到鱼。

等到平静和缓的小河水变得清澈，就可以在岸上钓鱼了。此时最适于钓鱼的地方有：陡峭的岸边、河心里有许多残树枝的坑洼旁、还有岸边长满杂草和芦苇的河湾上。

有时候，我们很难从小河湾和树丛旁那里走，因为河岸那里比较泥泞，四周又都浸满了水。不过，如果能踩着草墩，或是穿高统靴走

过去，把带着鱼饵的钩甩到牛蒡丛后或是芦苇丛里，就有机会钓到好多鳜鱼和斜齿鳊。

要在河岸钓鱼，就得沿着岸细心寻找好地方。然后找到没有被人钓过鱼的地方，扒拉开树丛，把鱼饵甩进去。还有桥墩旁啊，小河口和水磨坊的堤坝上啊，都是好地方，经常能找到鱼，顺利地钓到鱼。

用豌豆、蚯蚓和蚱蜢做鱼饵，可以钓到大鲤鱼，就用那种普通的，带浮标的钓鱼竿就行，5月中旬到9月中旬之间，也能用没有浮标的钓鱼竿。

适于用没有浮标的钓鱼竿钓各种淡水鳜鱼的地方有：大水坑，河道曲折、水流湍急的地方；林中小河里水面宽阔、平静无风的地方；河中央堆满了被风刮倒的树木的地方；岸边布满灌木丛的深水潭；堤坝和石滩的下面。

有几种鳜鱼只能在石滩和暗礁附近钓到。有几种小鲤鱼和小型鱼，要到离岸不远、水流湍急的浅水中，或是河底有砾石的河汊中才能钓到。

MING SHI DIAN JING
名师点睛

>>>> 赏析精粹 ▲

钓鱼也是要讲究技巧的。在这一章中，作者向我们详细地介绍了与钓鱼有关的各种各样的事情：什么时候最适合钓鱼；如何选择鱼竿；在什么地方最容易钓到鱼；不同种类的鱼最喜欢吃什么样的鱼饵……作者采用记叙、举例等表现手法，语言生动活泼，有的放矢，更富表现力。相信钓鱼爱好者都能学到很多实用的知识，读完此章后，你是不是也跃跃欲试地想去一展身手呢？

知识链接

鱼类家族

鱼类属于水生的冷血脊椎类动物。目前，世界上大约有24618种鱼，海洋中的鱼大约占2/3，淡水中的鱼大约占1/3。

除了会在水中游之外，一些鱼甚至还具有特异功能。燕鳐鱼是一种会飞的鱼，飞起来时它伸展的两鳍与蜻蜓的翅膀非常像。会发声的鱼种类较多，如鲂鮄、石首鱼、蜂雀等，它们发声的主要目的是为了集群。一些鱼的身体能够发出比我们生活用电的电压还要大好几倍的电，如电鳝、电鲶、电鳐等。一些鱼可以发光，如带鱼、龙头鱼等，它们的身体带有发光细菌或发光器官，通常发出的光还很漂亮呢。

林中大战

YUEDUYINYU

阅读引语

咦，难道森林中要发生一场大战？那么，大战的双方都有谁呢？它们为什么会发生一场大战呢？大战的结果又是怎样的呢？我们拭目以待！

不同的林木种族之间也经常会有战争。我们派了几位特约通讯员去前线采访。他们先是去了白胡子百年老云杉生活的地方。那些老云杉战士，个个都有两根，甚至三根电线杆那么高哩！

这里阴森森的。老云杉战士们沉着脸，僵直地站在那儿，也不出声。它们的树干，从根部到梢部都是光秃秃的，只是偶尔会从树干中生出些弯弯曲曲的枝条，看起来也都快要枯死了。高空中蓬蓬的针叶树枝互相缠绕着，像是一座巨型屋顶，严严实实地遮住了它们的领土。阳光射不穿那层屏障，林子下面黑乎乎的，闷闷的，充满了一种潮湿、腐朽的味道。偶然落脚的绿色小植物全夭折了；只有灰苔藓和地衣喜欢这种沉闷的生活：它们喝着主人的"血"——树液，放肆地密集地生长在战死大树的尸体上。

我们的特约通讯员在这里一只野兽也没遇到，也没听见小鸟的叫声。只遇到一只来这里躲阳光的孤僻的猫头鹰。我们的通讯员吵醒了它，它愤怒地竖起了毛，抖着胡子，角质的钩形嘴巴发出瘆人的叫声。

没有风的日子里，这里一片沉寂。有风刮过时，那些坚定、挺拔的巨树，也只是摇一摇自己布满针叶的树梢，发出气呼呼的声音。

在老林子里，要数庞大的云杉个子最高，体格最强壮，拥有的成员最多了。

我们的特约通讯员走出云杉的地盘后，又走进了白桦和白杨的地盘。这里白皮肤、绿头发的白桦和银皮肤、绿头发的白杨，用窸窣的掌声欢迎着他们。无数的鸟儿在枝头唱着歌。阳光从树梢的叶间倾泻下来，那儿的景象是绚烂多彩的——斑驳的阳光不时在闪烁，照出了金黄色的小蛇、圆圈儿、月牙儿还有小星星等形状，跳跃在光滑的树干上。矮小的草类种族密集在地面，显然，它们很享受被绿帐篷遮蔽的感觉，有一种在自己家里的愉悦感。我们通讯员的脚下有很多野鼠、刺猬和兔子。有风刮过的时候，这快乐的地盘里就一阵喧哗。没有风的时候，这里也不安静：白杨树叶颤颤地发出了沙沙的声音，像是在日夜不停地窃窃私语。

这个国度有一条界河，河的另一边是一片荒漠，这里原有的森林被伐木工人们在冬天的时候采伐光了。过了这片荒漠后，又是巨大的云杉林，它们像一堵黑黝黝的屏障似的。我们编辑部的人知道，森林里的冰雪一旦融化，这片荒漠立刻就会变成一个战场。各种林木种族

的居住地都是拥挤不堪的，所以只要附近有一点新地方空出来，每个种族都急着要抢到手。我们的通讯员过了界河，在这荒漠上搭了个帐篷住了下来，准备亲眼见证这场战争。

在一个阳光和煦的清晨，远方传来了一阵噼啪声，好像敌我双方对射的枪声似的。我们的通讯员匆匆忙忙赶到那里。原来，是云杉们开始进攻了。它们派出空军去占领这片空地。云杉的大球果被太阳晒得发出了噼里啪啦的声音，纷纷裂开了。

每个球果裂开的时候，都发出"砰"的一声，好像有人在用玩具小手枪似的。球果就像是一个秘密的军事基地，它一张开，里面就有许多小小的滑翔机——种子飞出来。风把它们托住，一会儿碰得高高的，一会儿又压得低低的，挟着它们一路在空中旋转着。每棵云杉上都结着成百上千个球果，而每颗球果里都藏着一百多粒种子。无数的种子飞翔在空地的上方，然后降落。云杉种子比较重，而且只有一个扇形翅膀，小风不能把它吹到更远的地方。它们没能飞到大片的空地，往往在半路上就落地了。

几天后，有一场大风刮过，云杉的种子终于把空地全占领了。接下来的几个春寒早晨，娇弱的种子差点儿被冻死。还好后来有一场温暖的春雨降落，大地变得松软后才接纳了这批小小的移民。

云杉种族占领空地的时候，界河那边的白杨正开着花呢。它们那毛茸茸的荑萸花序中的种子，才开始成熟。

一个月后，夏天越来越近了。

云杉种族阴森森的地盘上有了佳节的欢快气氛。在云杉的树枝上，有红蜡烛出现了——原来是新生的球果。每棵云杉都换上盛装：墨绿色的针叶树枝上，缀满了金灿灿的葇荑花序。云杉开花了，它们是在悄悄地孕育明年使用的种子呢。

现在，那些埋在空地里的种子，在温暖的春水的滋润下膨胀了起来。它们即将破土而出，以小树苗的面貌来到这个世界上。

可是，白桦还没开花呢！

我们的通讯员认为，这片空地一定会完全被云杉占领，而其他林木种族将错失机会。他们觉得自己这个想法很靠谱，断定它们不会起战争了。

编辑部人员希望能收到通讯员们为下一期《森林报》寄来的，新的详细报道。

MING SHI DIAN
名师点睛 JING

>>>>> **赏析精粹**▲—

春天来了，小动物们从冬眠中苏醒了过来。不仅如此，森林中的各种植物也进入了飞速地生长阶段。作者形象地把森林中的各种植物因为生长而对水源、空间的争抢比喻成一场"林中大战"，使用幽默的语言向我们介绍了"林中大战"的抢夺目标、场地以及其中的一个主角——云杉。不仅如此，作者还多次使用了夸张、比喻、细节描写、侧面描写等表现手法，使得文章的内容丰富而有趣，如文章把想要夺得生长先机的种子比喻

成了一群冲出来的滑翔机……

知识链接

LED植物生长灯

光环境是植物生长的必备条件之一。LED植物生长灯以LED（发光二极管）为光源，根据植物的生长规律尤其是对太阳光的需求程度而设计。LED植物生长灯取代了太阳光，为植物提供了适合其生长的光环境，减短了植物的开花结果时间，在现代化的生产建设中，常常被应用于植物栽培中以提高生产。

农事记

阅读引语 YUEDUYINYU

　　森林里和城市里的小动物们热闹地迎来了春天，美丽的花儿、草儿也拼命破土而出，那清闲了一个寒冬的人们现在在做什么呢？农场里又发生了哪些有趣的故事呢？让我们一起来看看吧！

　　雪刚化，集体农庄的人们就把拖拉机开到田里去了。拖拉机可以耕地、耙地，如果给拖拉机安上钢爪的话，它还能铲除树墩，开辟荒地呢。

　　一些黑里透蓝的秃鼻乌鸦，大模大样地跟在拖拉机后面；一些灰色的乌鸦和白腰身的喜鹊，在地垄间蹦蹦跳跳；它们都在翻起来的土块中找蛆虫、甲虫和它们的幼虫吃。

　　地耕过了，耙平了，拖拉机已经开始拖着播种机在田里播种。选好的种子被均匀地一行一行撒在田里。我们这儿最先种的是亚麻；然后是娇气的小麦；接着就是燕麦和大麦，它们都属于春播作物。

名师评点

　　这句话中用"娇气"来形容小麦，形象地说明了小麦生长的要求更高一些，需要更精心的呵护。【拟人修辞】

至于像黑麦和小麦那样的秋播作物，现在已经离地好几厘米高了。这两种麦子是在去年秋天的时候种下的，在雪下过了一个冬天，如今发了芽，现在正拼命长个呢。

在清晨和黄昏的时候，时而会从生机勃勃的绿丛中传来吱吱的声音，好像有一辆看不见的大马车驶过，又好像有一只大蟋蟀在唧唧地叫着："契哦哦——维克！契哦哦——维克！"

那声音既不是大车发出的，也不是蟋蟀发出的——原来是号称"美丽的田公鸡"的灰山鹑在叫呢。它长着灰色的毛，还有点白色的花斑，橘黄色的颈部和两颊，黄脚，红眉毛。此时，它的妻子正在绿树丛中的某个角落里建窠。

草场上长出了青青的嫩草。牧童们在黎明时就把牛群、羊群赶去草场了。这些动物的叫声很响，把住在集体农庄小房子里，还在做美梦的孩子们吵醒了。

人们有时会看到马背或是牛背上有一些奇怪的"骑士"，那就是寒鸦和秃鼻乌鸦。牛向前走着，那有翅膀的小骑士就在牛背上"笃笃"地啄着，本来牛也可以甩甩尾巴，像撵苍蝇似的赶走它们。可是牛在忍耐着，并不去撵它们。这又是为什么呢？

原因很简单：反正小骑士们也不沉，而且它们对牛啊、马啊都有好处呢。寒鸦和秃鼻乌鸦会啄食藏在它们毛里的蝇、虻及幼虫，还有苍蝇在它们擦破或是碰伤的皮肤上产的苍蝇卵。

肥硕硕，毛乎乎的丸毛蜂早苏醒了，嗡嗡地鸣叫着；亮晶晶的细腰身黄蜂快乐地飞出了窝；蜜蜂也该出来逛逛了，人们将蜂房放到养蜂场上。长着金黄色翅膀的蜜蜂爬出蜂房，晒了个日光浴，伸了伸翅膀，就飞去采甜甜的花蜜了。这是它们今年第一次采蜜哩！

集体农庄的植树活动

春天，我们列宁格勒州各个集体农庄都栽了数千公顷的树木。许多地方新开辟了面积在10到50公顷的苗木场。

MING SHI DIAN 名师点睛 JING

>>>>> 赏析精粹 ▲ —

"农事记"这一章节主要描述了初春时分，清闲了一个冬日的人们开

始出来耕种，农场渐渐开始忙碌起来，变得热闹。农场的人们开始在解冻的田地里用拖拉机播种亚麻、小麦、燕麦和大麦等春播作物；灰山鹑、寒鸦和秃鼻乌鸦等小动物们也来凑凑热闹；还有勤劳的小蜜蜂们也清早起床去采花蜜……农场的一切都开始有条不紊地进行着。

文章主要从忙于耕种的人们、热闹的动物们，还有农场的周边环境三个角度来向读者描绘春天来临后，农场的生机勃勃以及诸多变化。并运用拟人修辞、比喻修辞、外貌描写等写作手法为大家展现了许多可爱的小动物，增强了文章的趣味性。与此同时，还用巧妙过渡、多角度叙事等写作技巧丰富文章内容，使文章结构更加严谨。

知识链接

列宁格勒州

列宁格勒州是俄罗斯联邦的一个主体，它包括29个行政区，大城市有季赫温、维堡、加特契纳、沃尔霍夫、金吉谢普、基里希、索斯诺维博尔。列宁格勒州位于东欧平原的西北部，濒临芬兰湾、波罗的海、拉多加湖和奥涅加湖。列宁格勒州成立于1927年8月1日，领土面积为8.59万平方公里，占俄联邦领土总面积的0.5%。大部分地区为海拔200米以下的低地和平原。这里为温和的大陆性湿润气候，动植物资源多种多样，有60种哺乳动物，330种鸟类。森林面积占全州面积的55.5%，沼泽占12%，自然景观千差万别。

集体农庄新闻

YUEDUYINYU
阅读引语

　　集体农庄有新消息了！果园附近突然出现了一座新的城市，校园里出现了许多神秘的大坑，黑醋栗上面长出了奇怪的芽儿……这些怪异的事情究竟是怎么发生的呢？让我们一起来农庄里探个究竟吧！

新城市

　　昨天不过一晚上的工夫，果园附近就冒出了一座新城市。城里房子的样式是整齐而统一的。听说这些房子不是盖的，而是用担架抬过来的。

　　这个城市里的居民很喜欢今天晴朗的好天气，都出来游玩了。它们在自己家的上空盘旋着，努力记住所在的街道和所住的地方。

马铃薯过节

假如马铃薯会唱歌的话，你们今天一定能听见一首顶快乐的歌。原来，今天是马铃薯的一个很大的节日——今天，它们被运到田里了。人们小心翼翼地把它们装进木箱里，搬到汽车上，就运过去了。

为什么要小心翼翼，还要装在木箱而不是装进麻袋里呢？那是因为每一颗马铃薯都发芽了。多么可爱的芽呀——短短的、胖乎乎的、毛茸茸的、晒得黑黑的。它们下面布满了许多白色小凸包——很快就要生出马铃薯根来了。芽的上端是尖尖的，已经露出小小的叶子来了。

神秘的坑

人们在秋天时，就在校园里挖好了一些坑，也不知道这些坑的用途是什么。常会有青蛙掉到坑里去，所以，好多人以为这是专门逮青蛙用的陷阱。

可是现在连青蛙都弄明白了：挖的这些坑是用来栽果树的。

孩子们往坑里分别栽了苹果树、梨树、樱桃树还有李子树。一个树坑里栽一棵。他们还往每个坑里立一根木桩，把小树绑在木桩上。

修"指甲"

集体农庄里的美容师，正在给牛修"指甲"。他把它们的四只蹄子都刷干净，再把指甲修好。不久，它们就要到牧场去了，所以总得把它们的"指甲"修好。

开始在田里干活儿了

拖拉机昼夜不停地在田里轰隆轰隆地耕地。夜里，拖拉机手单独在田里工作，没有人做伴；到了早上，就有一群寒鸦死盯着拖拉机。它们忙得团团转，拼了命也吃不完被拖拉机翻出来的那些蚯蚓。

在江河和湖泊附近，跟在拖拉机后面的不是一群寒鸦，而是一群白鸥：白鸥也非常爱吃蚯蚓以及在土里过冬的甲虫的幼虫。

奇怪的芽儿

一些黑醋栗上面长着一种奇怪的芽。它们很大，而且圆圆的。有些张开的芽长得很像极小的甘蓝叶球。我们把这样的芽放在放大镜下

仔细观察，不由得惊叫了起来！那里面住满了一大堆讨厌的生物——它们长长的、弯弯的，还在那蹬着腿儿一抖一抖的呢！

怪不得树芽胀得这么大啊！原来是扁虱躲在芽里过冬呢。扁虱是黑醋栗最可怕的敌人。它们不仅会毁了黑醋栗的芽，还把传染病带去，使黑醋栗结不了果实。

如果一棵黑醋栗上膨胀的芽还不多，就得在扁虱还没爬出来之前，赶紧把这种树芽全摘下来烧掉；有很多这样膨胀的芽的黑醋栗，就只能被整棵处理掉了。

顺利飞来的小鱼

我们的集体农庄飞来了一批小鱼——是刚满一岁的小鲤鱼。鱼儿当然是不会飞的，它们是被装在矮木箱里，搭乘飞机飞来的。现在它们都还活得好好的、健健康康的，已经欢欢喜喜地在我们的池塘里游来游去了。

MING SHI DIAN JING
名师点睛

>>>> 赏析精粹 ▲

"集体农庄新闻"这一章节针对农庄出现的新变化进行了全面播

报——果园附近出现了用担架抬过来的新城市；为了使马铃薯长出根，胖乎乎的马铃薯们被运到了田里；校园里出现了许多为栽植果树而挖的大坑；农庄迎来了一群搭乘飞机来的小鲤鱼……这些新变化表现了农民伯伯们的工作也开始进行了，集体农庄正日渐变得忙碌起来。

文章包含多个角度，涉及多个方面，包括校园、果园等场所，涵盖植树、种马铃薯、给牛美容等农庄工作，使文章角度多样，内容丰富。并且，每个小故事都有着严谨的结构和行文布局，娓娓道来，使读者对文章内容和内在联系清晰明了。丰富词语的运用也增强了文章的表达效果。

知识链接

扁虱

蜱（pí）虫，属于寄螨目、蜱总科，俗称扁虱。它的头顶有倒钩，会牢牢钩住动物的皮肤，然后使劲往进钻。扁虱很小，人类一般看不见，但是它们专吸犬科动物的血，一吸起来就能和小拇指一样大，还不能轻易拔，因为会把头留在狗身体里，容易感染。它一旦钻进动物体内，就会在皮下游走，并分泌一种毒素，叮在人身上会造成极大的伤害，它甚至会在体内产卵，对神经造成伤害。被携带脑炎病毒的扁虱叮咬后，会在两周之内出现类似感冒或流感的症状。接着患者的健康状况会逐步恶化，出现剧烈头痛、脑部水肿、精神狂乱、癫痫发作以及全身麻痹等症状。目前还没有药物能够杀死这种可怕的病毒，治疗方法也仅限于服食止痛药片和输液。

城市新闻

YUEDUYINYU

阅读引语

　　随着春天的到来，大地显现出万物复苏的面貌。热爱自然的孩子们开始了"植树节"，美丽的蝴蝶们也竞相从茧里挣脱出来自由飞翔……一派热闹的景象！好吧，现在就让可爱的小布谷带领我们去领略城市的春光吧！

植树周

　　积雪早就融化了，土地也解冻了。城市和州里的植树周也开始了。在春天植树的这些日子，成了我们盛大的佳节。

　　在学校的园地上、花园里、公园里，以及住宅旁和大路上到处能看到孩子们忙碌着的身影，他们在挖树坑。

　　涅瓦区的少年自然科学家试验站为孩子们准备了几万棵果树插条。

　　苗圃也分给海滨区的各学校两万棵云杉、白杨与椴树的苗木。

列宁格勒　塔斯社

林木种子储存罐

这里有一片广阔无垠的田地，要保护这里不受风害，得种多少棵树呀！我们学校里的孩子们都知道造田护林的重要性。因此在春天的时候，六年级甲班教室里便摆了一只大木箱，即林木种子储存罐。孩子们用桶盛着种子，带到学校倒进木箱里。有人带了槭树种子，有人带了白桦的葇荑花序，也有人带了结实的棕色橡实——就说维加吧，他光是收集梣（chén）树种子，就有10千克。到秋天的时候，林木种子储存罐已经满满的。我们将收集到的种子全都送给政府了，让政府建立新的苗圃。

丽娜 · 波丽阔娃

在果园和公园里翩翩起舞

有一层柔和、透明的雾笼罩着树木，树木就好像是蒙上了一层绿纱。等到树木长出第一批叶子后，这层“薄纱”就会褪去了。

一只漂亮的大蝴蝶飞了出来，这是长吻蛱蝶。一身褐色中点缀着浅蓝色斑点，像天鹅绒般美丽，它双翅的末梢发白，像褪了色似的。

又有一只有趣的蝴蝶飞出来了。它长得很像荨麻蛱蝶，只是个子更小一些，颜色没那么鲜明，全身淡棕色。它的翅膀类似锯齿，好像

是被扯破了似的。

你捉一只仔细看看，就能看到它翅膀下方有一个像字母"C"的白色图案。简直让人以为是谁特意在这只蝴蝶身上打了个白色图案"C"的记号。这种蝴蝶的学名就叫"C"字白蝶，中国名字叫莪（fēng）蝶。不久之后，两种白蝴蝶——小粉蝶和大白蝶，也要出来了。

七鳃鳗

从列宁格勒到库页岛的大大小小的河域里，都生存着一种奇怪的鱼。它的身子又细又长——你乍一看还以为那是一条蛇呢！它的鳍没有生在身子两边，而是生在了背上和离尾巴很近的地方。它游泳的时候，身子扭来扭去的，确实很像一条蛇。它的皮软软的，没有鳞。它的嘴和普通的鱼嘴不一样，它的嘴是一个漏斗形的圆孔，是个吸盘。你看到这吸盘，会觉得它根本不是鱼，而是巨大的水蛭。在我们乡下，人们都叫它七孔鳗，学名七鳃鳗。因为在它的身体两侧、眼睛后面，每一边都长着7个呼吸孔。

七鳃鳗的幼鱼长得很像泥鳅。孩子们常用它们当

名师评点

这段话通过蛇和吸盘等事物形象地描述了七鳃鳗的身形细长、嘴呈漏斗状的特征。【比喻修辞】【外貌描写】

鱼饵去钓食肉的大鱼。七鳃鳗有时候会用吸盘吸着大鱼，跟着大鱼在河里游逛，大鱼怎么也甩不掉它。渔人们还告诉我们，有时候七鳃鳗还会吸着水底下的石头。当它吸住石头后，就会拼命地扭动全身，不断地扭啊、拉啊，石头居然被搬动了——这种鱼的力气可真够大的！七鳃鳗搬开石头后，就留在石头底下的坑里产卵。这种奇怪的鱼还有个学名叫石吸鳗。

它的样子是挺丑陋的，不过把它用油煎一煎，蘸着醋吃，却好吃得很呢！

大街上的生活

蝙蝠一到夜间就开始空袭城市的郊区。它们丝毫不理会路上来来往往的人，只忙着在空中追捕蚊子和苍蝇。

燕子也飞来了。我们列宁格勒州的燕子有三种：一种是家燕，它长着叉子似的长尾巴，喉咙那儿有一个火红的斑点；一种是金腰燕，短尾巴，白脖子；一种是灰沙燕，个头小小的，灰褐色，白胸脯。

家燕把窝搭在城市四郊的木房上；金腰燕的窝多搭在石头上；而灰沙燕，会和它们的孩子生活在悬崖

【名师评点】

这里用"空袭"这一拟人的词语来形容蝙蝠的夜间活动，形象生动地表现了蝙蝠行动的速度之快以及出人意料。【拟人修辞】

的岩洞里。

雨燕总是姗姗来迟。雨燕和普通燕子的形状不同，它们不时发出刺耳的尖叫声，而且喜欢在房顶上空盘旋。它们浑身乌黑，翅膀是半圆形的，像一把镰刀，不像普通燕子那样，是尖角形的。

市区里的鸥

涅瓦河刚刚解冻，河的上空就出现了鸥。它们对轮船和城市的喧闹声毫无感觉，就在人的眼皮子底下安然地从水里捉小鱼吃。

鸥飞累了，就大模大样地停在铁皮房顶上休息。

有翅膀的旅客搭乘飞机

谁也没想到飞机里的旅客是有翅膀的小飞虫。只是听到那一阵阵的嗡嗡声后才猜想到这一点。一批来自高加索的蜜蜂分散在200间舒服的客舱——三合板木箱里。800个蜜蜂家庭被从库班空运到我们列宁格勒来了。

这些小旅客得到的待遇很好，飞机上的工作人员给它们提供了"蜜粮"。

尼·伊夫琴科

名师评点 >>>>

这里把蜜蜂比作旅客，并且用"待遇好"来形容飞机上的人对蜜蜂的良好照顾，用词生动幽默。【拟人修辞】

太阳雪

5月20日的早晨，大太阳明晃晃的，东方的天空蓝莹莹的，可是没想到此时竟下起雪来了。晶莹的雪花像萤火虫似的，在空中轻飘飘地飞舞着。

冬天呀！你不要再吓唬人了，现在你派来的寒雪已经没有多少张牙舞爪的时间啦！这光景，就好像夏天的太阳雨一样——这样的雨会使蘑菇长得更快。现在，雪一落地就融化了。

我要到郊外的森林里看看，也许我会发现，在那雪一落就化的地面，有一大堆满是褶儿的褐色小蕈伞——也就是早春第一批好吃的蘑菇——羊肚菌。

《森林报》通讯员 维立卡

名师评点 >>>>

这里显然把"冬天"这一季节拟人化了，形象地表现了冬天即将离去这一现实。【拟人修辞】

布 谷

5月5日早晨，郊外的公园里响起了布谷鸟的第一声叫。

过了一星期后，在一个温暖、宁静的傍晚，忽然在灌木丛里传来什么鸟儿的清脆的鸣叫声。那叫声好听得很！起初它只是轻轻地叫，后来就越叫越响，再后来索性放声歌唱了起来。那歌声层层迭起，好像一粒粒珍珠落入玉盘似的！

这时候，大家都恍然大悟，原来是夜莺在唱歌。

名师点晴 MING SHI DIAN JING

>>>> **赏析精粹** ▲

"城市新闻"这一章节通过描写"植树节"孩子们积极植树和收集种子，果园和公园里的"破茧成蝶"，七鳃鳗、蝙蝠和鸥的生长、活动状况，小蜜蜂们第一次乘坐飞机以及太阳雪这一罕见的自然现象等内容，来描绘城市里与人们密切相关的一些动植物以及自然现象。

文章所叙述的事物包含了人们身边的动植物和天气现象，内容丰富且多角度。同时，拟人、比喻等修辞手法和外貌描写、动作描写等写作手法的运用，使描述的自然景象和动植物们更加生动形象化，增强读者的阅读兴趣。另外，动词、形容词的准确运用也使描述更加真实，文风更加严谨。

知识链接

太 阳 雪

    太阳雪是一种自然现象，是指在有太阳的晴天里下了雪。据专家解释，大晴天下雪是一种北方特有的天气现象，气象学称之为"太阳雪"，如同夏天经常出现的"太阳雨"，这两种现象都是云的形态造成的。"太阳雨"是高云天气引起的，太阳在云层的下端，可又有冷空气影响，所以出现了晴天下雨的自然现象；而"太阳雪"是由透光性高层云引起的，同样是在冷空气的影响下出现的，这两种现象都有时间短、量不大的特点。太阳雪形成的主要原因是受冷空气影响形成降雪，同时高层云不足以遮住太阳，于是出现一边下雪一边出太阳的天气现象，是冷暖气团局部交汇的结果。

猎事记

YUEDUYINYU

阅读引语

　　在列宁格勒的市场上，出现了许多猎人的"战利品"：各种各样的野鸭，甚至白天鹅。野鸭越来越少了，白天鹅也越来越稀罕了，只剩下些许稀疏的白天鹅的声音在天空中回荡，可是为什么会变成这样呢？猎人是怎么将这些可爱的动物们一步一步扼杀的呢？在春天的马尔基佐夫湖边，究竟发生了什么呢？

在市场上

　　列宁格勒的市场上这段时间正在出售各式各样的野鸭：有浑身乌黑的；有长得像家鸭的；有个儿挺大的；也有个儿很小的。有些野鸭的尾巴像锥子似的，又长又尖；有些野鸭的嘴像铲子那样宽；而有些野鸭的嘴巴就很窄。

　　一个没有多少生活常识的主妇去买野味儿，真是够糟糕的！她买了一只野鸭回去，烤好后却没人吃，那是因为这只野鸭有一股鱼腥味儿。原来，她买的要么是一只专吃鱼的潜水矶凫，要么就是一只秋沙鸭，甚至根本不是任何一种野鸭，而是一只潜水鹏鹏（pì tī）。

一个有经验的主妇，只要看一看野禽小小的后脚趾，就能一眼辨出是潜水矶凫还是好野鸭。

潜水矶凫的后脚趾上突起的厚皮很大，而河面上那些"珍贵的"野鸭的后脚趾上突起的厚皮只有一小片。

在马尔基佐夫湖上

春天的马尔基佐夫湖上有许多野鸭。

在涅瓦河河口和科特林岛之间的芬兰湾，自古以来便被人们称为马尔基佐夫湖。列宁格勒的猎人们都喜欢去那儿打猎。

你到了斯摩林河上就能看到，斯摩林墓场附近的一些小船，形状稀奇古怪的，有白色的，也有与河水同色的。这些船的底部完全是平的，船头和船尾往上翘着，船身倒是不大，却格外地宽。原来这是打猎用的划子。

如果你运气好的话，在黄昏时分能遇上一个猎人，他会把划子推进小河，带着枪和其他东西上船，用一支桨顺水划去。划20分钟左右，就能到马尔基佐夫湖了。

涅瓦河上的冰早就融化了，不过河湾里还是有一些大冰块。划子排开污浊的浪，飞快地向大冰块冲去。猎人划到一块很大的浮冰旁，

泊好划子后，就跨了上去。他在皮袄外披了一件白色长衫，然后把一只用来引诱雄野鸭的雌野鸭囮子从划子中擒出来，用绳拴好后放在水里，并将绳子的另一头拴到冰块上。雌野鸭立刻叫了起来。

猎人坐上划子离开了。

叛徒雌野鸭和白衣隐身人

猎人不用等多久，远处的水面上便飞过一只野鸭，这是一只雄野鸭。它听到雌野鸭的叫声后，就向这边飞过来了。它还没飞到雌野鸭的身边，只听"砰"一声枪响，接着又是一声，雄野鸭就跌落到水中了。

野鸭囮子忠实地履行着主人赋予它的职责：它一遍遍地叫着，心甘情愿地做一个野鸭界的叛徒。在它的召唤下，有许多不明真相的雄野鸭从四面八方飞过来了。

它们的心思全放在雌野鸭身上了，却没留意白花花的冰块旁边停着一只白色的划子，划子上还坐着一个身披白色长衫的猎人。猎人一枪接一枪地放着，各种雄野鸭都落进了他的划子里。

一群接一群的野鸭，沿着海上的长途飞行航线，继续它们的长途旅行。太阳沉进大海，城市的轮廓也消失在夜幕之中——只见那个方向亮起了点点灯火。

天黑了，不能再打枪了。猎人把野鸭囮子收回划子里，把船锚抛在浮冰上牢牢拴住，让划子紧靠冰块免得被浪冲走。

得考虑一下如何过夜了。

起风了。天空中乌云密布。四周黑洞洞的，伸手不见五指。

水上的房子

猎人将一个弓形木架支在划子的两舷上，将帐篷解开，绷到架子上。他点燃煤气炉子，舀了一壶水马尔——基佐夫湖水是从涅瓦河流来的淡水，放到炉子上烧。

雨点像鼓点一样敲在帐篷上。猎人倒是不怕下雨，反正帐篷是不漏水的。帐篷里干燥、明亮，还暖和，煤气炉子像普通火炉一样，散发着热气。

猎人喝着热茶，吃了点心，也喂了他的好助手雌野鸭，接着便抽起了烟。

春天的黑夜很短。很快天边就露出了一抹白光。它逐渐伸长、扩展。乌云散了，风停了，雨也住了。

猎人从帐篷里向外望去，隐约可见远处黑黝黝的海岸。但是，依然看不见城市的轮廓，甚至也看不见城市的灯火——原来这一夜的工夫，浮冰被风远远地吹到大海里去了。

真是糟糕！要划很长时间才能回到城里。幸亏在夜里这个冰块没有和其他浮冰相撞，否则划子会被挤成碎片，猎人自己也会被压成肉饼。

得赶紧干正事儿啦！

打天鹅

猎人的野鸭囤子在水面上拼命大叫起来，这时有一只雪白的大天鹅和它并排游着。天鹅却不叫，那是因为这只天鹅是假的。

雄野鸭一只接一只地飞过来了。猎人只打了几枪。

忽然，空中传来一阵远远的像喇叭一样的声音。

"克噜——噜呜，克噜——噜呜，噜呜！……"

"嗖，嗖，嗖！"传来一阵扇动翅膀的声音，原来是有一大群野鸭落到野鸭囤子旁边。可是猎人都不正眼瞅它们。

猎人敏捷地把子弹装进猎枪里，然后双手合拢，举到自己嘴边，吹起勾引野禽的口哨："克噜——噜呜，克噜——噜呜，噜呜，噜呜，噜！……"

在离地面很远的云彩下面，有三个逐渐变大的黑点。喇叭似的叫声越来越清晰，越来越洪亮，越来越刺耳。

猎人已不再应声搭腔了，因为人是学不像天鹅在近处的叫声的。

现在可以看到三只慢慢地挥动着沉重翅膀的白天鹅降落到冰块附近了。它们的翅膀在太阳下闪着银光。

天鹅们越飞越低，平稳地盘旋着。

它们看见了冰块旁的天鹅，以为呼唤它们的就是这只天鹅，估计它不是因为筋疲力尽，就是因为受伤而掉了队，于是它们就向它飞去。

盘旋了一下，又盘旋了一下……

猎人坐在那儿不动声色，只用眼睛紧紧盯着这三只巨大的白鸟，它们伸长了脖子，一会儿离他近，一会儿又离他很远。

杀 害

又盘旋了一下，此时空中的天鹅已飞得很低，离划子也很近很近了。

"砰"——第一只天鹅的长脖子就像一根软鞭子似的垂了下来。

"砰"——第二只天鹅在空中翻了个跟头，重重地跌在冰块上。

第三只天鹅猛地向上一冲，很快就消失在远方了。

猎人也难得像今天这么好运。

现在赶快回家吧，但是这会儿要划回城里去可不容易。

浓雾笼罩了整个马尔基佐夫湖，看不见十步以外的任何东西。

从市区传来的隐隐约约的汽笛声，一会儿在这边响，一会儿又在那边响，让人摸不到头脑。

有薄冰和划子相撞了，发出了轻微的，玻璃破碎的声音。

像"雪糕"般的细碎冰碴在船下发出沙沙的响声。

可是，怎么也不能飞快地划啊，万一和结实的大冰块相撞怎么办呢？划子会一个跟头翻到水底去的！

第二天

在安德里耶夫市场上，一大群一脸好奇的人打量着这两只雪白的大鸟。它们倒挂在猎人的肩膀上，嘴巴差不多要着地了。

孩子们围着猎人，你一句、我一句地问着："叔叔，您从哪儿打到这些鸟的？难道我们这儿也有这种鸟吗？"

"它们正往北飞，飞到北方去做窠。"

"嗯，窠一定非常大吧！"

主妇们却更关心另一件事："请问，这种鸟能吃吗？有没有鱼腥气啊？"

猎人一一回答她们，可是耳边还回荡着活天鹅的喇叭似的叫声，还有野鸭扇动翅膀的嗖嗖声，薄冰和划子相撞时发出的轻微的玻璃破碎的声音……

上面说的那些事都是过去的事了。

现在，每当春天来临，仍有天鹅从我们州的上空飞过，它们那喇叭似的洪亮叫声仍能从云霄处传出。可是，现在天鹅比以前少得多了。因为猎人们都千方百计地想要猎到美丽的天鹅，因此死得太多了。

现在我们这里严禁打天鹅。打死了天鹅的人就要受罚，而且还罚不少钱呢！

人们照旧去马尔基佐夫湖那里猎野鸭，因为那里野鸭多得是。

>>>> **赏析精粹▲**

　　本章借市场上出现的野鸭起意，讲述了猎人打猎时发生的故事。文中描绘了很多猎人捕猎的方法：运用雌野鸭来吸引雄野鸭上钩，运用假天鹅来吸引真天鹅靠近进而开枪等，这些无疑说明了猎人的冷血和残忍。猎人运用这种奸诈的办法无情地杀害野鸭和天鹅，揭露了动物们的悲惨命运和人类的残忍。在这种无情的猎杀下，天鹅们越来越少，而章末最后一句"人们照旧去马尔基佐夫湖那里猎野鸭，因为野鸭多得是。"是对世人的一种警醒，略带讽刺意味。

　　知识链接

芬 兰 湾

　　芬兰湾是波罗的海东部的大海湾，位于芬兰、爱沙尼亚之间，伸展至俄罗斯圣彼德堡为止。海水含盐量低，结冰期3~5个月。形状细长，面积约3万平方公里。东西长约400公里，平均水深为40米，入口处宽70公里，中部最宽处130公里。南北19~128公里。北岸陡峭、曲折，多岛屿；东、南岸低平。

　　一般深度20~30米，西端入口处最深，达115米。有涅瓦河、纳尔瓦河、塞马运河等注入，索伊马运河通此湾。芬兰湾内有戈格兰岛和科特林岛。

唱歌跳舞月（春季第三个月）

一年12个章节的太阳诗篇——五月

阅读
引语

　　快乐的5月，春天还在兢兢业业地继续它的工作——给森林穿上漂亮的衣裳。充满着光和热的太阳、小却活力四射的昆虫、换上新衣服的大树们也都加入了队伍。这让人不禁好奇起来，大家究竟是怎样欢庆着热闹的5月呢？

　　5月到了——唱歌吧！跳舞吧！欢乐吧！春天在这个月份里才郑重其事地开始认真做它的第三件事：给森林穿上漂亮的衣裳。

　　这个令森林居民最快乐的月份——唱歌跳舞月——开始了！

　　太阳——太阳的光和热取得了完全的胜利，它的温暖和明亮战胜了冬季的严寒和黑暗。晚霞和朝霞握手言欢——我们北方的白夜开始了。生命重新得到了大地的哺育和水的滋养，挺直了身躯；那些高大的树木都披上了油光闪闪的绿叶衣裳；无数会飞的昆虫都在空中飞翔着。一到黄昏时分，夜间活动的蚊母鸟和敏捷的蝙蝠，就会飞出来跟踪捕食它们；白天的时候，家燕和雨燕在低空徘徊；雕和老鹰在田间和森林的上空盘旋；茶隼（sǔn）和云雀在田野上空抖动着翅膀，仿佛身子被从云上垂下来的线系着似的。

没有铰链拴住的大门打开了，从里面飞出了金翅膀住户——勤劳的蜜蜂。地上的琴鸡，水中的野鸭，树上的啄木鸟，天空上的绵羊——鹬，都在尽情唱歌、嬉戏、跳舞。诗人是这样描述当前的景象的："在我们的祖国，每一只鸟、每一只兽都乐呵呵。肺草也从去年的败叶下探出头来，给树林添一抹蓝色。"

我们称5月是"嘀"月。

知道这是为什么吗？

因为5月的天气忽冷忽热。白天太阳暖洋洋的，可是到了夜里，嘀！甭提有多凉了。我们常常会在5月里遇到这样的情况：有时候要热得躲在树荫下乘凉；有时候又得给马厩铺上稻草，自己凑到火炉边取暖。

快乐的5月

每种动物都想表现自己的勇敢、能力和敏捷的身手。唱歌跳舞的活动少了起来——所有动物都在摩拳擦掌，想要打架。开战后，绒毛、兽毛和鸟羽满天飞。

森林里的动物都忙了起来，因为春季最后一个月里有很多事要做。

夏天快要来了，鸟儿们要为做窠和孵小鸟等事操心了。

村子里的人说："春天想留在我们这里，一辈子都不走。可是等到布谷鸟和夜莺一啼叫，它就被夏天赶走了。"

>>>>> **赏析精粹** ▲—

"唱歌跳舞月"描写了在春季的第三个月，太阳变得暖和、激情，阳光普照大地，气温升高，森林里的动植物们都变得十分活跃，各种各样的声音在森林里奏响，动物们也跳起了自己独特的舞蹈，整个森林就像在举办音乐节一样。表现出天气的回暖为动植物们的活动和生长提供了有利条件。

文章通过刻画昆虫、蝙蝠、蜜蜂等动物们分外活跃的场景来从侧面表现森林里的热闹和春天的生机勃勃。同时，对太阳的夸张、拟人描写也更加形象地表现了随着春天的到来天气变暖这一现象，增加文章的趣味性。语言描写、动作描写、环境描写等写作手法的运用也丰富了文章的形式。

知识链接 ▲—

布 谷 鸟

布谷鸟体型大小和鸽子相仿，但较细长，上体暗灰色，腹部布满了横斑。脚有四趾，二趾向前，二趾向后。飞行极速无声。芒种前后，几乎昼夜都能听到它洪亮而多少有点凄凉的叫声，叫声特点是四声一度——"布谷布谷，布谷布谷""快快割麦！快快割麦！"所以俗称布谷鸟。同时，它也是春神句芒的使者和化身，与燕子都是男根的象征，古代农村在春节对其祭拜，以祈生育。

林中大战（续前）

YUEDUYINYU

阅读引语

逐渐春意盎然的伐木场迎来了一场无法避免的战争。为了给自己争夺一处生长宝地，云杉和野草展开了非常激烈的斗争。不仅如此，小白杨和小白桦也来凑热闹了。此次战争的结果如何呢？

你们可曾记得，住在采伐空地上的特约通讯员给我们写的信吗？他们一直在等待空地上会长出一片青绿的小云杉林来。

他们的愿望真的实现了！几场温暖的雨过后，在一个晴朗的早晨，那里真的变绿了。不过，从土里钻出来的都是小云杉吗？

压根不是！不知从哪儿来的一批横行霸道的草种族，竟然捷足先登了！长得又快又密，它们是莎草和拂子茅。不管小云杉如何拼命地往外钻，还是晚了一步——空地已经被野草占领了。

第一场林木大战开始了！小云杉用它们那锋利的矛一样的树尖，好不容易才拨开头上的密密麻麻的野草。草种族也不甘示弱，拼命地往小树身上压。在地面上大打出手，在地下打得不可开交。

野草的根和树苗的根缠绕在一起厮打着，它们你缠着我，我绕着你，你勒我，我掐你，如凶恶的鼹鼠般在地下乱钻，拼命抢夺那营养丰富、富含盐分的地下水。一大批小云杉还没见到天日，就在地下被像细铁丝一样又柔韧又结实的草根勒死了。

好不容易钻出来的小云杉又被草茎紧紧地缠住了，富有弹性的草茎编织成一张地网，小云杉想用树尖拨开它们，但野草罩住了小云杉，不让它们晒太阳。

只是在个别地方，有极少数小云杉钻到草种族的上面了。

当空地上的林木大战正激烈时，对岸河边的白桦刚刚开花。而对岸的白杨也已经准备好去这片空地远征了。

白杨的每一个葇荑花序里，都飞出几百个头顶着白毛的小种子——它们是独脚的小伞兵，头上都张着一顶白色的小降落伞。风儿兴致勃勃地挟着那一撮白毛，带着它们在空中转呀转，它们比绒毛还轻，像朵白云似的飘过了河。到了河对岸，风一撒手，将它们均匀地撒在整片空地上，直逼云杉国边境。这些独脚小伞兵们如雪花般落到小云杉与野草的头上。下过第一场雨后，它们就被冲到泥土下，暂时消失了踪影。

▌名师评点 ≫≫≫

林木大战还未平息，对岸的白杨就即将踏入空地为自己夺得一处生长宝地，树林里的植物们的战争状况激烈程度可见一斑。【概括介绍】

▌名师评点 ≫≫≫

随风到达对岸空地的白杨小苗们在雨水冲刷之后慢慢沉淀至泥土下，不过这些都是"暂时"的，本句为后文打下了基础。【铺垫叙事】

日子一天天过去了，林木大战还在继续着。现在，已经可以看得出来：野草是较量不过小云杉的。野草拼命挺着身躯往上长，但是不久后它们就停止生长了，而小云杉却一直生长着。

如此一来，草种族可就受罪了。小云杉那长满了针叶的枝条遮在野草的头上，抢走了草种族的阳光。野草很快就衰弱了，软绵绵地瘫倒在地。

但是，这时地里又冒出了另外一支队伍，那就是白杨的小苗。它们是一簇簇地来到这世界上的，慌慌张张地挤在一起，瑟瑟发抖。

名师评点

照应前文，小苗们终于出现了，但是拥挤的生存环境令它们慌张恐惧，而后逐渐憔悴枯萎。【神态描写】

它们来得太晚了，已经没有力量与小云杉抗争了。

云杉用浓密的针叶树枝遮住小白杨头上的阳光，小白杨只好屈着身子，在树阴下，很快就憔悴枯萎了。

云杉正一步一步地走向胜利。这时，又有一批敌国的伞兵降落在空地上了。它们是驾着双翅小滑翔机飞来的，它们刚一来，就躲进土里潜伏了起来。这些伞兵是白桦种子。它们热热闹闹地飞过了河，又均匀地散布在整个空地上。

名师评点

提出疑问，引起读者对林木大战最终结果的好奇心，吸引兴趣。【设置悬念】

它们能不能战胜这头一批占领军——云杉家族呢？我们的特约通讯员还不知道。

我们将在下一期《森林报》上刊载他们发来的新报道。

>>>>> **赏析精粹**▲

森林里每时每刻都会有精彩有趣的事情发生。看似无声无息的植物也有自己的生存压力：一大批小云杉在还没看到天日之前就已经在地下被草根给勒死了；白杨的小苗们因为对生存环境的慌张与恐惧而渐渐憔悴枯萎……

作者采用了拟人、侧面描写、心理描写等表现手法把植物的积极可爱表现地淋漓尽致；文章详略得当，情节紧凑，而且在最后还设置了悬念，使读者读起来有种跌宕起伏之感，给读者留下了无尽的想象空间。

经过一番激烈的争斗后，云杉终于获得了暂时性胜利，成功地争取到了自己的生存空间。

知识链接

草 坪 草

一般地，我们把适宜建植草坪的草称为草坪草。草坪草是草坪的基本组成和功能单位，多为多年生草本植株，生长密集，可通过修剪而保持表面平整。现在，世界上大约有100多种草坪草，如狗牙草、马尼拉草、天堂草、百慕大草等。按照用途，草坪草一共被分为5种：保土护坡草坪草、运动场草坪草、观赏草坪草、交通安全草坪草和游憩草坪草。

农事记

YUEDUYINYU

阅读引语

　　农庄里最近一片繁忙的景象：播种施肥，栽种菜园，不仅是大人忙得不可开交，孩子们也充当了大人们的好帮手，承担起了一定的农活，他们的任务可多呢！孩子们，要加油哦！

　　集体农庄的人们有很多事情要忙：播种完成后，要将厩粪和化肥运到田里，再把肥料施到今年的秋播地上。紧接着，就是忙着种菜园：第一件事就是栽马铃薯，紧接着种胡萝卜、黄瓜、芜菁、饲用芜菁以及甘蓝。亚麻这个时候也长起来了，该给它除草了。

　　那些孩子们也不能闲在家里，他们在田里、菜园里以及果园里都是好帮手。他们帮着大人栽种、除草、为果树剪枝。集体农庄里的活儿可多啦！他们还要编扎够用一年的白桦扫帚，还要拔嫩荨麻，用嫩荨麻和酸模做的菜汤可好喝了。他们还要捕鱼：钓小鲤鱼、斜齿鳊、铜色鲑（guì）鱼、鳜鱼、鲈鱼，等等；用鱼簖（duàn）和鱼梁来捕鳕鱼和小梭鱼；用鱼饵来捉鳜鱼、梭鱼和鳕鱼。

　　到了傍晚，他们就在一根长竿子的一端安上一个框，框上装一个袋子形的网，这就是捞网，用来捕捞各种各样的鱼。

深夜里，他们在岸边布下簖来捉龙虾，然后坐在篝火旁讲各种故事，有滑稽故事，也有恐怖故事，等着上簖的龙虾多了，再去收网。

清晨时，已听不见田公鸡——也就是灰山鹑在庄稼地里叫了。秋天播下的黑麦已经长到齐腰高了；春天播下的庄稼也长起来了。

灰山鹑还住在老地方，可是它不敢练嗓了：因为它身边就是它的窠，窠里有蛋，雌山鹑正在孵蛋。现在，雄山鹑必须保持沉默，要不然就会叫出灾祸来的：不是大鹰会闻声而来，就是孩子们，也可能招来狐狸。这些淘气鬼可全是捣毁田公鸡窠的能手呀！

我们是大人的好帮手

刚一放假，我们这里的小学生们就开始给集体农庄的大人们帮忙了。我们也在田里除草，除害虫。

我们劳逸结合，既休息，也工作了，这样真是太好了。以后还有许多工作，要用心用力去做。不久后就该收割庄稼了。我们的工作是拾麦穗，还有捆麦束。

《森林报》通讯员 尼吉琴娜

新森林

在我们俄罗斯联邦的中、北部地区，春季造林工作已经结束了。大片大片的新森林诞生了，总面积差不多有10万公顷。今年春天，在苏联欧洲部分的草原地带、森林草原地带，约有25万公顷的新防护林带诞生了。同时，集体农庄还建成了大批的苗圃，明年将会供应10亿多棵乔木、灌木树苗，以供造林使用。

到今年秋天，俄罗斯联邦的林场还要再造几万公顷的新森林呢！

>>>>> **赏析精粹** ▲—

很多在农庄里成长的孩子小的时候都曾经在农活繁忙的时期给大人们当过小帮手，协助大人们完成简单的农务工作。本章列举了很多农活，例如栽种、除草、为果树剪枝，还有一个很有趣的活动就是捕鱼。作者对捕鱼进行了着重描述，准备渔网、捞鱼、捉龙虾，这些都是农庄里特有的活动，充满了童趣。同时介绍了俄罗斯联邦的造林工作，这是保护环境的一大重要表现，表明了我们都应该与自然和谐共处，创造更好生活环境的思想主题。

甘 蓝

甘蓝，属十字花科。基生叶广大，倒卵形或长圆形，长15~40厘米，如牡丹花瓣样，层层重叠，至中央密集成球形，内部的叶白色，包于外部的叶常呈淡绿色，类型甚多，具有益脾和胃、缓急止痛的作用，还可以治疗上腹胀气疼痛，嗜睡等疾病。其含有丰富的维生素、糖等成分，另外含有硫化物的化学物质，具有防癌作用，其中以甘蓝菜、胡萝卜和花椰菜最著名，并称为"防癌的三剑客"。

集体农庄新闻

YUEDUYINYU

阅读引语

　　亚麻田里为何寄来了"投诉书"？小绵羊为何哭声悲凄？果园里又有哪些果树要开花了？番茄秧又搬家去了哪里？还有庄稼田里的六只脚的劳动者在干什么呢？谁帮助了向日葵授粉？我们接着往下看吧！

借逆风

　　村里收到从亚麻田里寄来的一份投诉书。亚麻苗投诉田里出现的敌人——杂草，杂草在田里胡作非为，简直不让亚麻们活命了。

　　村里的女庄员们马上去帮亚麻的忙。她们惩治杂草，百般爱护着亚麻。她们脱掉鞋子，沿着田垄，光着脚，小心翼翼地顶着风走。亚麻在她们的脚下向地面弯下去了，然后，逆风把亚麻的茎一托，就把亚麻推了起来。于是亚麻又从容地站起身来，它们的天敌却被消灭掉了。

今天头一次放风

牧人把一群小牛犊放到牧场上去了。这对小牛犊来说还是头一回。它们感到了无比的欢乐，翘起尾巴，跑呀跳呀，满世界撒欢儿呀！

绵羊脱大衣

在我们红星集体农庄的绵羊剪毛室里，有10位经验丰富的剪毛工人正在用电推子给绵羊剪毛。他们把绵羊浑身上下的毛都剪得干干净净，就像把绵羊身上的绒毛大衣脱掉似的。

当牧羊人把"脱掉大衣"的绵羊妈妈放回羊群的时候，小绵羊已经不认识它们的妈妈了。小绵羊悲悲切切地咩咩地叫着："你在哪儿呢？妈妈，你在哪儿呢？"

牧羊人帮每一只小羊羔找到妈妈后，又回到绵羊剪毛室去给下一批绵羊剪毛了。

牲口的队伍越来越壮大了。

集体农庄的牲口队伍一天比一天壮大。今年春天新增的小马、小牛、小绵羊、小山羊以及小猪，有好多只呢！

昨天一夜的时间，小河村的小学生饲养的牲口群，就扩大了4

倍。从前山羊只有一只，现在有了4只，它们是山羊妈妈库姆希加和它的3个孩子——库加，姆扎和施卡利克。

花期到了

果园里的果树迎来了一生中最重要的花期。看，草莓已经开过花了；一棵棵樱桃树上，开满了一簇簇雪白的花；昨天梨树也开花了；再过一两天，苹果树也会开花的。

在新集体农庄里生活

昨天，在温室里培育出的南方蔬菜——番茄秧搬家了。它的新居就在池塘边的园地上。黄瓜秧搬到它们的隔壁，跟它们做邻居了。番茄秧的体格很结实，正准备开花呢。黄瓜秧还小，仍躺在它们的白封套里，只露出了鼻子尖。土地妈妈呵护着这些孩子，不让贪婪的鸟看见它们。娇小的黄瓜秧什么时候才能很

名师评点

将"黄瓜秧"视为出生的宝宝，只露出了点"鼻子尖"，可爱极了！【拟人修辞】

快地长得高高大大的，赶上番茄呢？

协助六只脚的劳动者授粉

一提起与农业有关的昆虫，我们就能想起庄稼里的种种害虫。它们身体虽小，但却是庄稼非常可怕的敌人。我们竟然忘记了，还有很多六只脚的劳动者在田里为我们干活儿呢。我们也忽略了，它们在为植物授粉的工作上起着多么重大的作用。像蜜蜂、丸花蜂、姬蜂、甲虫、蝇类、蝴蝶等许多有翅膀和六条腿的小昆虫，在辛勤地为黑麦、荞麦、亚麻、苜蓿、向日葵等作物授粉。

有时候，小劳动者们忙不过来，我们就来协助它们。我们两个人，各拉着一根长绳子的一头，从开花农作物的梢头拖过去，梢头就会弯下来，然后花粉就落了下来，随风飘散到田间，或是粘在绳子上，被带到其他花上去。我们这样给向日葵授粉：将花粉收集到一小块兔子皮上，然后把这块兔子皮上的花粉扑到那些正开着花的向日葵花盘上。

>>>>> 赏析精粹 ▲—

　　农庄里发生了日新月异的变化，新生命不断诞生，每天都有忙不完的农活和工作，所以产生了很多助手，大家都开动脑筋，一心一意为了农庄里主人们更好地成长和生活而努力。农庄的动物们团结协作，互相帮助，体现了动物们团结友爱的理念。大量精准词语和巧妙语言的使用更是为文章增添了别样的色彩和趣味。

知识链接 ▲—

绵羊剪毛

　　绵羊剪毛需要注意三个问题：

　　1.应空腹12~24小时，在剪毛前不采食，不饮水，被雨淋湿的羊应在晾干后再剪；

　　2.剪刀应贴近皮肤，均匀地把羊毛一次剪下，留茬要低，也不要重剪，以免影响羊毛利用；

　　3.剪毛动作要快，时间不宜拖得太久，翻羊动作要轻，以免造成不必要的损失。

城市新闻

YUEDUYINYU

阅读引语

最近，城市里又发生了许多新鲜惊奇的事情——在梅奇尼科夫医院附近惊现一只麋鹿；有公民在公园里发现了一只会说人话的小鸟；在涅瓦河畔，原本万里无云的天空突然出现了一片灰蒙蒙的云朵……这些事情的真相是怎样的呢？让我们带着好奇的心情来一探究竟吧！

来到列宁格勒市里的麋鹿

5月31日清晨，有人在梅奇尼科夫医院附近看到一只麋鹿。最近几年里，麋鹿出现在市区已不止一次了。人们猜测，麋鹿可能是来自符谢罗德区的森林里的。

鸟说人话

　　有一位公民来到《森林报》编辑部，讲述了这样一件事："早晨，我去公园里散步。忽然听到一种声音，好像是从灌木丛里传来的：'特里希卡·薇吉尔？'那声音非常响亮，也很急切。我打量了一圈，四周一个人都没有，倒是在灌木丛上有一只浑身通红的小鸟。我心想：'这是什么鸟呀？居然会说人话。它问的那个特里希卡又是谁呢？'接着，它又重复那句话了：'特里希卡·薇吉尔？'我朝它迈近了一步，想走到它面前看个清楚。可它却一溜烟地消失在灌木丛中，不见了。"

　　这位公民看到的鸟，名叫红雀，是一种从印度飞来的鸟。它的叫声听起来确实很像在问什么。不过，有人听它在问："看见特利希卡了吗？"也有人以为它在问："看见格里希卡了吗？"

深海里来的客人

　　最近从芬兰湾游来了好多小鱼——胡瓜鱼，它们是从海洋游到涅瓦河来产卵的。它们产完卵后，会重新回到海洋的。

　　只有一种鱼苗是产在深海里，然后再从深海游到河里生活的。它的出生地是大西洋中的藻海。这种奇特的鱼，就是小扁头鱼。

你没听说过这样的鱼名吧？这倒也难怪：因为这是它住在海洋时的小名。那时，它浑身透明，能看到肚子里的肠子，它腰身扁扁的，像一片树叶。等它长大后，就变得像一条蛇了。

等它长大了，大家才恍然大悟，原来它是鳗鱼啊。

小扁头鱼要在藻海里生活三年。到了第四年，它们就会变成小鳗鱼，身体还是像玻璃般透明。那时，鳗鱼会成群结队地游进涅瓦河。它们从大西洋那个神秘的深海里游来，游到我们这里至少要走2500公里的路呢！

试飞的鸟儿

当你在公园、街头或是林道路上走的时候，要时不时往上头瞅瞅！当心有小乌鸦或是小椋鸟从树上掉下来，还有小寒鸦或是小麻雀从屋檐上掉下来，摔在你头上。现在这些小鸟刚出窠，正在学飞呢！

走过城郊

最近这段日子，住在郊区的人一到夜里就能听到一种低沉的、断断续续的鸣叫声："呼喊——呼喊——呼喊——呼喊！"起初，声音

是从这一条水沟里传出来的；接着，又从另一条水沟里传了出来。原来是路过郊区的黑水鸡。黑水鸡与秧鸡有血缘关系，它也和秧鸡一样，是徒步穿越全欧洲到我们这儿的。

去城外采蘑菇

一场温暖的及时雨过后，就可以去城外采蘑菇了。这时，平茸蕈、白桦蕈等食用菌都从土里钻了出来。这是夏季的头一批蘑菇，被统称为麦穗蕈，它们出世的时候，正值秋播黑麦开始抽穗。不久之后，一到夏末，就见不到它们了。

要抓住采蘑菇的时机啊，当你看到花园里的紫丁香花凋谢之时，你就应该知道春天要离开了，夏天要开始了。

飘来的云团

6月11日，有很多人在涅瓦河畔散步。天空中没有飘着一丝云，天气热得很。房子和柏油路被晒得滚烫，人们也被烘烤得喘不过气来。孩子们在顽皮地嬉闹。

突然之间，宽宽的河那边飘过一大片灰蒙蒙的云。人们都停下了脚步，望着天边这朵云。只见这朵云飞得很低，几乎就是擦着水面飞。大家眼瞅着它越来越大。终于，它发出的窸窸窣窣声把散步的人吸引过来了。这时，大家才看明白：原来不是云，是一大群蜻蜓。一眨眼的时间，这里就变成了一个奇幻的世界。因为有这么多扇动着的小翅膀，所以有一阵凉凉的微风掠过。

孩子们停下了游戏，出神地望着这奇异的景象：太阳光透过蜻蜓薄薄的翅膀，照得蜻蜓像彩色云母似的在空中闪着美丽的光。此时，人们的脸一下子变得五彩缤纷，无数极小的彩虹、光影和星星跳动在他们脸上。这片小蜻蜓云团发出"嗖嗖"的声响，飞过河岸的上空，越升越高，最后飞到房屋的后面，看不见了。

这是一群新出世的小蜻蜓，它们成群结队去寻找新的家。至于它们是在哪儿出生的，要飞去哪里落脚，谁都不知道。

其实，各处都有这种成群结队的蜻蜓。如果你遇到了蜻蜓群，不妨考察一下小蜻蜓是从哪儿飞来的，要飞到哪里去。

列宁格勒州的新野兽

最近这几年，猎人们常会在列宁格勒州叶非莫夫区与邻近几个区的森林里，看到一种当地居民也不认识的野兽。这种动物的个头跟狐狸差不多大。它就是乌苏里的浣熊狗，也可简称为浣熊。

它们怎么会跑到这里来？很简单：是用火车运来的。

50多只浣熊被火车运来后，就放到我们州的森林了。它们在10年间繁殖了很多后代，现在已经准许猎人捕猎它们了。

浣熊的毛皮非常珍贵。在我们州，整个冬天都可以打到浣熊，因为它们虽然也冬眠，但天气暖和的时候，还是会出来逛逛的。

欧 鼹

有人把欧鼹当成啮齿类动物，以为它们像老鼠似的，在地下乱掘洞，吃植物的根。其实这是冤枉了欧鼹，欧鼹根本不属于鼠类，它其实更像是身穿天鹅绒般光滑柔软皮大衣的刺猬。欧鼹也是一种吃昆虫的兽，它吃金龟子及其他害虫的幼虫。因此，对于我们来说它是非常有益的。它对植物也没有危害。

不过，欧鼹有时也会在花园或是菜园里刨洞，将一堆一堆的土翻出来，抛到花台或菜垄上，也会把好端端的花或蔬菜碰坏，发生这种事时，主人总觉得有点气恼。

其实，遇到这种情况的时候，主人尽可以心平气和地在地上插一根长竿子，竿子上安一个小风车。

风来了，风车就转。风车转动后长竿子就会抖动，竿子下面的土地也一起颤着，鼹鼠洞里发出嗡嗡的响声。这样，所有鼹鼠都会四散逃走的。

少年自然科学家 尤兰

蝙蝠的音响探测器

有一只蝙蝠在一个夏天的夜晚从打开的窗户里飞了进来。"快把它赶走！快赶！"女孩儿们用围巾裹住自己的头，惊慌失措地尖叫着。一位秃头老爷爷嘟嘟哝哝不以为然地说："它是冲着窗户里的亮光来的，不会往你们头发里钻的！"

直到数年前，科学家们也还是没明白：为什么在漆黑的夜里飞行的蝙蝠能不迷路。科学家曾这样试验过：把蝙蝠的眼睛蒙上，再堵住它们的鼻子。但它们还能躲开一切障碍，甚至在拴满细线的房间里，都能灵活躲开"天罗地网"。

直到发明了音响探测器以后，我们才将这个谜揭开。科学家们现在已证实：蝙蝠在飞行的时候，会从嘴里发出超声波——一种人耳听不到的尖细的叫声。超声波无论遇到什么障碍，都能反射回来。蝙蝠的耳朵能"收听"到这些信号，如："前面有墙"或是"有线"或是"有蚊子"。只有女人那又细又密的长头发反射的超声波性能不够好。

秃头老爷爷当然没什么好担心的，可是女孩儿们的浓密美发，的确有可能被蝙蝠误认为"窗子里的亮光"，它们很可能会冲着扑过去的。

给风打个分数

小风是我们的朋友。

在夏天炎热的中午，如果没有一点儿风，我们便会热得透不过气来。当平静无风的时候，烟囱里的烟会笔直地升向天空。如果空气以不到0.5米每秒的速度流动的话，我们就感觉不到风的存在，我们给这种风打0分。

软风的速度是0.3～1.5米每秒，也就是18～90米每分，或是1～5公里每小时。这大概是人步行的速度，在软风的吹拂下，烟囱里的烟柱已经开始往旁边吹了。我们会觉得脸上凉凉的，非常舒服，没有那么闷了。我们给这种风打1分。

轻风的速度是1.6～3.3米每秒，也就是96～180米每分，或是6～11公里每小时。这大概是人奔跑的速度。这时，树上的叶子被风吹得沙沙作响。我们给这种风打2分。

微风的速度是3.4～5.4米每秒，或是12～19公里每小时。这大概是马小跑的速度。微风吹得细树枝左右摇摆，推着纸折的小船儿兴高采烈地跑。我们给这种风打3分。

气象学里是这样描述和风的：它使道路尘土飞扬，导致轻微的枝摇树晃，还激起大海轻微波浪。它的速度是5.5～7.9米每秒。我们给这种风打4分。

清劲风的速度是8.0～10.7米每秒，或是29～38公里每小时。这大概等于乌鸦飞行的速度。它使树梢喧嚣，森林里的细树干也摇曳了起来，海上涌起千层波浪。它还能将蚊蚋（ruì）吹散。我们给这种风打5分。

强风已开始嚣张了。它用力地摇晃着树木；把晾在绳子上的衣服吹到地上；把人们的帽子从脑袋上刮下来；把排球抛来抛去，干扰打排球的人。它的速度堪比39～49公里每小时的火车客车的速度。幸好气象学家们是用12分制给风打分。像我们这样小学校的5分制是不够用的。气象学家给强风打6分。

请继续关注登在第八期《森林报》上的有关风的报道。

名师点睛 MING SHI DIAN JING

>>>>> 赏析精粹▲—

"城市新闻"这一章节，讲述了城市里最近发生的一些令人感到惊奇却有趣的事情——有来自符谢罗德区森林的麋鹿在梅奇尼科夫医院附近悠闲地散步；有从芬兰湾游来的胡瓜鱼们到涅瓦河来产卵；还有新出生的小蜻蜓们在涅瓦河面上像云彩一样飞行……各种各样新奇的事情就在这个春天发生在这个美丽的城市，体现了人与自然的友好和谐。

文章从城郊写到城内，从地上的动物写到水中的生物，跨度很大，使文章内容变得丰富多彩，整个环境背景也更加完整。当然，文章中一系列夸张、对比、比喻等修辞手法和环境描写、细节描写、概括叙述等写作技巧的运用也使文章更加丰满和有趣，给读者以文字上美的享受，扩大了想

象的空间。

知识链接

胡　瓜　鱼

胡瓜鱼（ōsmerus mordax），背棕灰，腹银白，为中上层杂食性鱼类。平时生活在海里，喜群体生活。因其鱼肚中一年都有鱼子，因此又名多春鱼、毛鳞鱼。胡瓜鱼的叫法来自阿伊努人，因鱼身有一种鲜黄瓜般的气味而得名。另外，它还有一种淡水鱼分支——池沼公鱼，也就是我们常说的黄鱼。其分布于北大西洋、西北太平洋，中国黑龙江、图们江。胡瓜鱼可以整个食用，其魅力在于钙质丰富。每年春季，它便开始停止进食，并从近海溯流而上，在江河的下游有水生殖物地区产下粘性卵，不久，又返回近海育肥。卵在10~20天以后孵化，而仔鱼孵出后，也顺流而下，在大海中生长。

猎事记

随着春天的到来，森林的动物们也从冬眠中苏醒，开始钻出洞穴享受温暖的阳光。这个时候，被积雪和寒冷阻拦在森林外的猎人们也开始了新一轮的狩猎之旅。在这未知的旅途中会发生什么有趣的事情呢？让我们一起来看看吧！

我们苏联幅员辽阔，在列宁格勒附近，春猎期早已过去，可是这时的北方，河水才刚开始泛滥，正是打猎的好时节。很多酷爱打猎的猎人这时都会赶往北方。

在春水泛滥的地区荡小船

天上乌云密布，今天的夜就像秋夜一样黑。我与塞苏伊奇两个人乘一只小船，荡在林间小河上，两岸又高又陡。我在船尾划桨，塞苏伊奇坐在船头。塞苏伊奇是一位猎人，他会打各种飞禽走兽。但他不喜欢捕鱼，甚至瞧不起那些钓鱼的人。不过，今天他也要捕鱼的，但却没有改了老脾气——他还是觉得自己是去"猎"鱼的，所以不用鱼钩钓、渔网捞，也不是用其他渔具捕鱼。

我们游过高高的河岸，来到了广阔的河水泛滥地区。这里有一些灌木的梢头露出了水面。再往前驶去，有一片模糊的树影；再往前驶去，就是森林了，真像一堵黑压压的墙。

夏天的时候，这个地区的一条小河和一个不算大的湖之间，只隔了一条很窄的岸，岸边长满了灌木。还有一条很窄的水道，连接了小河和小湖。不过，现在没必要去找这条小道了，因为四周的水都很深。小船可以自由穿行在灌木丛里。

我们的船头有一块铁板，上面堆着枯枝和引柴。塞苏伊奇用一根火柴点燃了篝火。篝火那红黄色的光照亮了平静的水面，也照亮了小船旁边灌木光秃秃的黑色的细枝。

我们现在可没时间东张西望，只注视着下面——被火光照亮的水深处。我轻手轻脚地划着桨，不让桨伸出水面。小船静静地行进着。我的眼前浮现出一个奇幻的世界。

我们已经划到了湖上。湖底好像藏着巨人，他的身子埋在泥里，只把头顶露了出来，任蓬乱的长发悄无声息地漂着。这到底是水藻，还是草呢？

瞧，原来这是一个无底深潭。也许实际上并没有那么深，因为火光最多只能照到水下两米深。但是，光是看一眼这黑咕隆咚的深潭就觉得可怕了：天知道这底下藏着什么？

有个银色小球从黑暗的水底浮了上来。起初，它上浮的速度很慢，而后越升越快，越来越大。现在，它冲着我的眼睛过来了，眼看着就要跳出水面，打到我的脑门……我不由自主地缩了一下脖子。

这个银色小球变成了红色的，钻出水后就炸了。原来只是个普通的沼气泡啊！

我们好像坐着飞艇在一个陌生的星球上旅行。

我们经过几个岛屿，岛上长满了挺拔、稠密的植物。是芦苇吗？是一个黑黑的怪物，它把自己多节的手臂弯成了钩，向我们伸了过来——原来是触须啊！这个怪物长得像章鱼，也像乌贼。不过，比它们的触须更多一些，样子也更难看、更吓人一些。这怪物到底是什么呢？原来那是一棵淹没在水中的有着交错树根的白柳残株啊！

我惊奇地看着塞苏伊奇的动作。

他站在小船上，用左手举着鱼叉——原来他是个

名师评点 >>>>

这段描写把湖底的水藻比作巨人，把水藻的枝蔓比作巨人蓬乱的长发，比喻新颖生动，形象地表现了水藻在湖底分布面积广及漂浮状态凌乱的特点。【比喻修辞】

左撇子,眼睛炯炯有神地注视着水面。他的样子真威武,真像一个满脸胡须的矮军人,正擎起长矛,要将跪在他脚下的敌人刺死。

这是一个两米长的鱼叉的柄。下面一头有5个闪闪发光的钢齿,每个钢齿上还生着倒齿。

在篝火下,塞苏伊奇的脸通红的,他转过头,朝着我做了个怪怪的鬼脸。我就停止划桨了。

塞苏伊奇小心翼翼地将鱼叉浸到水里。我往下瞅了瞅,只见水深处有一个笔直的,又黑又长的棍子。后来才看清楚,原来那是一条大鱼的脊背。塞苏伊奇用鱼叉斜对着那条大鱼,慢慢地伸了下去。后来鱼叉停在那里不动了,猎人也僵在那里一动也不动。猛一下子,他竖直了鱼叉,用力将其刺进了那条鱼的脊背。

湖水翻腾了一阵子,他就把猎物拖了出来:那是一条有两千克重的大鲤鱼,还在鱼叉上拼命地挣扎着。我们的小船又继续前进着。不一会儿,我就发现了一条个头不算大的鲈鱼。它钻进水底的灌木丛里,僵在那儿一动也不动,好像在沉思着什么。

我发现的这条鲈鱼离水面好近,我甚至连它身上的黑色条纹都能看得见。我看了看塞苏伊奇,他摇了摇头,我知道他是嫌这条鱼小,于是我们没有抓它。

我们绕着湖面划了一圈。我眼前不停地出现水底世界的景色，真是迷人啊！猎人刺死了水底"野味"后，我还舍不得移开视线呢！

我们又遇见一条鲤鱼、两条大鲈鱼，还有两条长着细鳞的金色鲤鱼，都从湖底游到了我们的小船底。黑夜就要过去了。此时，船上还有点儿燃烧着的枯枝以及通红的木炭，掉进水里，嘶嘶地响着。偶尔还能听见头上有一阵"嗖嗖"的野鸭扇动翅膀的声音。有一只小猫头鹰在那黑黑的、小岛似的小树林中柔和地叫着，好像在反复地提示着谁："斯普留！斯普留！"有一只小水鸭在灌木丛后唧唧地叫着，叫声挺好听的。

我看到船头上有一根短木头，就把小船驶向一旁，免得撞上这根木头。可是，此时我突然听到塞苏伊奇低声喝道："停……别动……哟——梭鱼……"他兴奋得连说话都带"哟"声了。

鱼叉柄的上端拴着一根绳子。他赶忙把绳子缠在自己手上，瞄准了半天，然后小心翼翼地将武器插入水中。

他使出浑身力气刺向梭鱼。这条鱼竟拖着我们走了好一会儿！幸亏鱼叉刺得很深，梭鱼没办法挣脱。

这条梭鱼居然有7千克重！

塞苏伊奇费了好大劲才把它拖上船。此时，天差不多要亮了。琴鸡"啾叽啾叽"的叫声透过薄雾，从四面八方传到我俩的耳朵里。

"好啦！"塞苏伊奇开心地说道，"现在我来划桨，你来开枪。可别错过机会呀！"他将烧剩下的枯枝扔到水里，我换到船头，他换到船尾。

晨风清凉，很快就将薄雾驱散了，天空变得明朗起来。这是一个美丽的早晨。

此时，有一层绿色的薄雾笼罩着森林的边缘，我们沿林边划着船。水里伸出了一些光滑的白桦树干，还有粗糙的黑云杉树干。我们向远方眺望，看到树林就像是吊在半空中似的。往近处看，有两片树林浮动在眼前：一个全部树梢朝上，一个全部树梢朝下。清澈的水面就像一面镜子，水面奇妙地荡漾着，倒映着一根根白色树干和黑色树干，千万根细树枝被它照碎了、摇散了。

名师评点 >>>>

这里把"水面"比作"一面镜子"，形象地表现了湖水清澈透明的特点。后文夸张形容树干被湖面"照碎了、摇散了"，从侧面表现了水波荡漾使倒影发生弯折的景象。【比喻、侧面描写】

"准备……"塞苏伊奇低声说道。

我们沿着这片银光闪闪的水上"林中空地"，划到了桦树林边。有一群琴鸡栖息在桦树树梢那光秃秃的枝条上。令人惊奇的是：这些又大又重的鸟怎么没有把那些纤细的树枝压断呢？

雄琴鸡身体结实、脑袋小、尾巴长，尾巴尖上好像拖了两根辫子。天空明亮，所以它乌黑的身躯显得格外明显，而淡黄色的雌琴鸡就显得朴素、轻巧。

有一排乌黑和淡黄的大鸟栖息在丛林下面的水中，脑袋朝下在那儿晃荡着。我们离它们不远了，塞苏伊奇轻手轻脚地划着桨，小船沿着林边前行着。为了不把那些容易受惊的鸟儿吓跑，我不慌不忙地端起了双筒枪。

所有琴鸡都伸长了脖子，把小脑袋转过来对着我们看。它们可能正感到奇怪吧：在水上漂浮的是什么东西啊？这东西对我们有没有威胁呀？

鸟儿的思想是很迟钝的。现在离我们最近的一只琴鸡，距离我们只有50多步了。它正心慌意乱地转着小脑袋，它大概在想：万一出什么意外的话，我该往哪儿飞呢？它跳着两只脚，缩上又踏下。细树枝都被它压弯了。为了让身体保持平衡，它惊慌地扇动着翅膀。不过，它看伙伴们都待在那儿不动，也就放心了。

我开了一枪。清脆的枪声从水面上向树林荡漾过去，就像碰到墙壁似的，传过来一阵回响。

琴鸡扑通一声掉进水里，溅起了一层水沫，水沫在日光的照耀下显得七彩斑斓。一大群琴鸡噼里啪啦扇动着翅膀，都从树上飞走了。我连忙冲着一只飞去

的琴鸡开了第二枪，结果没打中。

不过，我一早就猎到了这么一只长着紧密羽毛的美丽的鸟，还有什么不满足吗？"好样的！"塞苏伊奇向我表示祝贺。

我们把湿淋淋的，低垂着翅膀的死琴鸡捞了起来，不慌不忙地慢慢划着船，回家去了。

一群群野鸭飞快地掠过水面；勾嘴鹬尖叫着；沿岸的琴鸡叫得更响亮、更欢快了，唧咕的声音不绝于耳；云雀在田野上空鸣叫着；太阳挂在树林的上空。虽然我们一宿没有睡，此时却一点儿也没有感到疲惫呢！

《森林报》特约通讯员

诱　饵

我们这一带有熊在胡闹，不是听说某个地方的一头小牛被咬死了，就是听说另一个地方的一匹小马被吃掉了。

我们召开了会议。在会上，塞苏伊奇说得很有道理，他说："我们不能等着熊来祸害咱们的牲口群，应该采取措施了。加甫里奇家的小牛不是死了吗？把小牛交给我，我用它当诱饵。如果熊也来咱们这儿晃悠，那就一定会被诱饵引来。即便它来，也甭想伤到咱们牲口的一根毛。我一定要想个办法收拾它。"

塞苏伊奇是我们这儿的好猎人。大家把那头死小牛交给他了，对他说："你干去吧！我们以后可以放心些了。"

塞苏伊奇将死小牛装到大车上，拉到树林里，放到一块空地上，给小牛翻了个身，让它的尸体头朝东躺着。塞苏伊奇对打猎的事样样在行。他知道，熊是不会动头朝南或是头朝西的尸体的——它会起疑心，它怕被别人伤害。塞苏伊奇用没剥皮的白桦树枝，在死小牛的四周圈起了一道矮矮的栅栏。又在离这道栅栏20多步远的并排的两棵树上搭了个棚子，棚子离地面约有两米高。这是观察平台，猎人夜里就守在这个平台上等野兽出现。全部准备工作就绪。不过，塞苏伊奇并没有睡在棚子里，他还是回家过夜。

过了一个星期的时间，他还是照旧回家睡觉。只是在早晨腾出一点儿时间去木栅栏那儿看看，绕着那儿走了一圈，卷一根烟抽一会儿，抽完就回家了。

农庄里的庄员们开始取笑塞苏伊奇了。小伙子们嬉皮笑脸地对他说："哎呀，塞苏伊奇，还是睡在自己家里的热炕上好啊，做梦更香甜吧？你不乐意在树

■ 名师评点 >>>>

这里通过塞苏伊奇的一段话，交代了熊祸害牲口这一事件的经过以及解决这一问题的措施，简洁明了。【语言描写】

■ 名师评点 >>>>

这里通过塞苏与庄员的对话，从侧面表现了他为了农庄的利益不惜委屈自己的善良品质，同时也为后文它的成功作铺垫。【语言描写】

林里守着吧？"可是塞苏伊奇是这么回答的："贼不来，守也是白守呀！"他们又对塞苏伊奇说："小牛可都发臭啦！"塞苏伊奇说："那才好呢！"

塞苏伊奇就是那么安然自在，真拿他没什么办法！

塞苏伊奇知道该做什么。他也知道，熊想着农庄里的牲口群，已经不是一天两天了。不过因为它眼前摆着个现成的死牲口，所以没有去扑那些活牲口。塞苏伊奇心里知道，熊能闻到了死牛那散发着像人尸一样的臭味。猎人那锐利的眼睛，发现了在放小牛的栅栏周围有熊的脚印。熊还没有动小牛，是因为它肚子不饿，要等牛尸发出更强烈的臭味时，它才会美滋滋地大吃一顿。这种乱毛蓬松的森林野兽就是这样的胃口。死小牛在那里躺了一个多星期。塞苏伊奇还是每天回家过夜。终于有一天，他根据脚印，断定熊曾经爬过了栅栏，在牛尸上撕下了一大块肉。就在当晚，他带着枪爬上了棚子。

树林里的夜晚静得很，动物们都休息了。不过，并非所有鸟兽都睡了。猫头鹰扇动着毛茸茸的翅膀，不动声色地飞过，搜寻着草丛中窸窣作响的野鼠；刺猬在林子里晃悠着，寻找着青蛙；兔子在咔嚓咔嚓地啃着白杨的苦树皮；一只獾在土里翻着它喜欢的那些细植物根。这时，那只熊悄悄地走向死小牛。塞苏伊奇奇困无比，这深更半夜的，往常在这段时间，他都是睡得很香的。忽然，他听到什么东西咔嚓一响，不禁打了个冷战。也许他听错了？不是的。此时，虽然天上没有月亮，但是北方的初夏夜，没有月亮也不算黑。他可以清清楚楚地看到——在泛白的白桦树栅栏上，爬着一只黑毛野兽。

熊爬过栅栏，吧唧吧唧地吃着。

"你等着瞧！"塞苏伊奇心里想道："我这还有更好的东西招待你呢——我要请你尝尝枪子儿了。"他端起枪，瞄准熊的左肩胛骨，一声雷鸣般的枪响，惊动了沉睡的森林。兔子吓得从地上蹿起半米高；獾吓得呼呼直叫，慌忙奔回自己的地洞；刺猬缩成了一团，竖起了身上的刺；野鼠一溜烟躲进了洞；猫头鹰悄悄地飞进了大云杉的浓荫里去了。

片刻之后，世界又安静了。于是，那些昼伏夜出的野兽又放大胆子，各忙各的了。

塞苏伊奇从棚子上爬下来，走到栅栏边，卷上一支烟抽了起来。他不慌不忙地回家了。天就要亮了，得补上一小觉！

等到人们都起了床，塞苏伊奇对小伙子们说："喂，小伙子们！套上大车去树林里把熊拉回来吧，以后熊可伤害不了咱们的牲口了！"

MING SHI DIAN
名师点睛 JING

>>>> **赏析精粹** ▲

"猎事记"这一章节主要讲述了"我"和塞苏伊奇在一个夜晚进入刚刚解冻的森林里狩猎的经历以及塞苏伊奇捕杀危害牲畜的熊的过程，刻画了塞苏伊奇这一威武、专注的猎人形象。同时也不惜笔墨地描绘了夜晚森

林里小动物们的夜间活动和清澈的湖水等美丽景象。

文章通过讲述夜晚森林和树林空地两个不同背景下的故事，从外貌、动作、处事风格、语言等角度塑造了塞苏伊奇这个聪明、勇敢、无私的猎人形象。其次，动作描写、语言描写、环境描写等写作技巧和比喻修辞、夸张修辞等写作手法的运用也大大增加了文章的表达效果，使夜晚的森林在作者笔下美得像一幅画。另外，文章叙事清晰，结构严谨，事件的前后照应，使文章结构更加完整。

知识链接

琴 鸡

琴鸡，属于松鸡科，学名为 Lyrurus tetrix。中等大小，全长55厘米左右。嘴短而强，翅短而圆。雄鸟全身体羽黑色，头、颈、喉、下背具蓝绿色金属光泽；翅上具白色翼镜；尾呈叉状，外侧尾羽长而向外卷曲成琴状；嘴暗褐色；脚裸皮橘红色。雌鸟全身体羽黄褐色，具黑褐色斑；颏、喉棕白色；翅上翼镜不明显；尾羽叉状，不向外弯。雌雄两性的羽色、尾形和体形大小等差别很大。琴鸡为森林鸟类，有两种：黑琴鸡高加索琴鸡。中国境内只有黑琴鸡，分布在黑龙江省、内蒙古和新疆等地；在其他国家分布很广，西自英伦三岛，东至西伯利亚。

比安基作品精选

好狗莱依

我第一次看见莱依的时候，以为它是狼呢。它和狼一样高；两只耳朵像狼耳朵似的竖着；毛也是灰色的，跟狼毛差不多。只有粗粗的尾巴，伸到背上，卷成一个圈儿。那时我很小，还不知道只有西伯利亚莱卡种狗才有这种尾巴，狼尾巴是沉甸甸地拖在下面的。

祖母告诉我，莱依是一只拥有狼血统的狗——它父母都是西伯利亚莱卡种狗，它祖父是一只真正的狼。后来，祖母开始讲给我听，莱依有多么聪明，它是个多么忠实和善良的朋友。打猎的时候，莱依是无价之宝，在家里也一样。祖母把它一生的事情都讲给我听了。

我父亲是西伯利亚人，他是个猎人和捕兽人。

冬季的一天，他正在西伯利亚原始森林里走着，忽然听见人的呻吟声。呻吟声是从灌木丛里发出来的，父亲走到那里去看时，只见雪地上躺着一匹驼鹿，已经死了。灌木丛后面，有一个人在挣扎，想起来，却起不来，不住地呻吟着。

父亲将那人扶起来，背进自己的帐篷里，留他在那里。父亲和祖母服侍了那个受伤的人，直到他恢复了健康。

原来那人是个曼西族（苏联西伯利亚的少数民族）的捕兽人。曼西族人住在西伯利亚乌拉尔那边。曼西族人长得又高又大，体态匀称，都是弓鼻子，都是出色的猎人，熟悉飞禽走兽的生活习惯。不过，那个曼西人因为一时沉不住气，差一点丧失性命。

他打伤了一匹驼鹿。驼鹿摔倒在地上，一阵痉挛，然后一动也不动了。曼西人没留意到驼鹿的耳朵紧贴在脑后，竟朝它走了过去。突然间，驼鹿窜起来，用前脚拼命踢了他一下，踢得猎人从灌木丛上面飞过去，像个木头桩子似的掉在雪地上。驼鹿那厉害得要命的蹄子踢断了他两根肋骨。

当西多尔卡（这是曼西人的名字）与父亲分手的时候，对父亲说："你救了我的命，我怎么报答你呢？一个月以后，请你去找我。我有一只狼血统的莱卡种母狗。不久它要下小狗了。你乐意要哪一只，我就送给你哪一只。那只狗会成为你忠实的朋友的。你也将成为它的朋友。你们俩在一起，谁也打不过你们。"

过了一个月，父亲去找他。他的莱卡种母狗下了六只小狗，眼睛还没有睁开，它们在帐篷角落里乱爬着，有几只是黑的，有几只是花的，有一只是灰色的。

"现在你瞧着。"西多尔卡说。他用外套的下摆兜起所有的小狗，送到门外去，放在雪地上，把帐篷的门敞开。

小狗在雪地上挣扎着，一个劲儿尖声叫唤着。狗妈妈想向它们奔过去，但是西多尔卡使劲抓住它不放。狗妈妈召唤着它的孩子们。

过了不大一会儿，一只小狗（就是灰色的那只）爬到帐篷的门坎前，翻过门坎。虽然它眼睛是瞎着的，却很有把握地一瘸一拐向狗妈

妈走去。

几分钟后，第二只小狗才爬到门口。第三只，第四只跟在后面，六只小狗全找到了自己的母亲。狗妈妈舔掉每一只小狗身上的雪，把它们藏在自己暖烘烘、毛茸茸的肚皮底下。

西多尔卡关上了帐篷的门。

"我明白了，"父亲说，"我要那只头一个回来的。

西多尔卡把灰色的小狗从莱卡种母狗那儿拿过来，递给我父亲。

教 育

我的父亲和祖母用一只装上了奶头的瓶子把小狗喂大了。

这只小狗少见的活泼。它长出牙齿后，开始啃一切它所看到的东西。但是我父亲对它非常有耐心，他不仅没有打过它，甚至连一句不好听的话都没有对它说过。

莱依长大一些后，开始在村庄里追逐鸡和猫，父亲顶多有时候向它吆喝一声："莱依，回来！回来！"

等莱依回来了，父亲就语气温和地对它说："哎呀呀，小莱依，你犯错误了！这样可不行。你懂吗？——不行！"

聪明的小狗听懂了。它不知不觉把尾巴一夹，两只眼睛惭愧地瞅着旁边。

父亲向祖母说："可不能对莱卡狗抬手，做出要打它的样子。主人是它最好的朋友。你只要打它一次，那就完了，要恨你的。只能靠语言来管教它。"

只有一件事，他无论怎样管教莱依，不许它干，也还是改不了——就是追逐大雷鸟和松鼠的爱好。等莱依长大了，跟着我父亲去打猎的时候，它总那样做。

莱卡种狗怎样做呢？它在地上闻出大雷鸟的气味时，就把它撵得飞起来。大雷鸟逃到树枝上去，在树枝上走来走去，按自己的方式从那儿嘲笑和痛骂莱卡种狗。它知道狗不会上树。

一只好的莱卡种狗遇到这情况，会坐下来，目不转睛地盯着大雷鸟，汪汪地叫。为的是让主人知道，它找到了一只大雷鸟，使大雷鸟落在那里了。大雷鸟这时把注意力全集中在莱卡种狗身上，猎人很容易偷偷地走到射程内来开枪。

这种追野禽的莱卡种狗叫做"办小事的狗"。它们见了松鼠也叫。

我父亲却想把莱依训练成"猎兽的狗"，教它专追个儿大的野兽。猎兽的狗就不应该注意这些鸡毛蒜皮的小事儿。不然会怎样呢？当猎人去打驼鹿或者狗熊的时候，原始林里到处都是大雷鸟和松鼠，狗朝它们汪汪一叫，大野兽就会跑掉。

我祖母详详细细地给我讲了这些事情。这些事情，我全应该知道，因为将来我也要成为一个猎人的。祖母还答应给我买支猎枪——等她攒够了钱就买。

父亲希望莱依是一只猎大兽的狗。可是，莱依只要一闻出松鼠或

雷鸟的气味，那么连拖都拖不走它了。父亲只好那样做：他打死一只雷鸟，再打死一只松鼠，全绑在莱依的背上。不管莱依跑到哪儿，它都能闻到雷鸟和松鼠的气味，可是又无法把它们从背上弄去。

过了不久，莱依已经对雷鸟和松鼠腻味得要命了，简直一闻到它们的气味就发烦。当然，它再也不在原始森林里追逐雷鸟或松鼠了。

殊死的决斗

三年以后，莱依成长为一只很出色的猎狗。它会跑在父亲的前面，在原始林里拦住一只正想逃走的驼鹿，还会从北方野鹿群里撵出一两只野鹿，使它们径直朝主人的方向跑过来。它的力气非常大，有一天，竟咬死一只扑到它身上的大狼。

后来，我父亲终于带着莱依去猎熊了。

他们找到一只大兽的足迹。那只大兽的巨大脚爪，在雨后的泥泞地上留下一个个深深的小坑，使人看了都害怕。莱依全身的毛都竖了起来，但是它勇敢地冲向前去，很快就追上了那只正不慌不忙朝山里走去的熊。

父亲看见莱依一口咬住熊的大腿——毛蓬蓬的"裤子"，当熊迅速回过头，想给它一巴掌的时候，它又动作灵活地跳到一边。

熊刚想继续往前走，莱依又向它进攻。

父亲追上前去，开了一枪，但是仓促中只给熊挂上一点轻伤。熊激怒了，一下子朝父亲扑过来。父亲没来得及放第二枪，竟被那只骇人的猛兽用脚掌击落了他手中的枪。眨眼之间，父亲已经仰面朝天，被那极重的大兽压在身下。

父亲以为自己准没命了，哪知熊忽然向上伸着两只前爪，从他身上摔了下去。

父亲急忙跳起身来。

莱依紧紧地咬住了熊的耳朵，悬挂在熊的背上。

世上真没有这样一只狗，能独自打败一头凶猛的大熊。连最勇敢的莱卡种狗，也只敢从后面向这样的野兽进攻。

幸而父亲及时地拾起了掉在地上的枪，在熊咬死莱依之前，开枪打中了熊的要害。熊扑通一声倒在地上死了。

当初曼西族猎人说的话被证实了——忠实的莱依在千钧一发的时刻救了我父亲的命，我父亲又救了莱依的命。

只剩下祖母孤单一人

就在那一年，我祖母亲眼看着父亲死去了。那一回，莱依也救不了他。

那天风非常大，祖母说，简直是刮暴风。父亲去砍树，树没有朝他原来估计的方向倒下。他躲闪不及，被压在树下，活活地压死了。

祖母亲亲手将他从砍倒的树下拖出来，埋葬在原始森林里。祖母

成了孤零零的一个人。那是很久以前的事情了。

周围是原始森林。冬季刚刚开始。河水冻了冰，不能乘小船渡过去了。步行也不成，走不到有人烟的地方。而在父亲搭建在自己猎区中的小房子里，没有很多存粮。

本来祖母自己也会打猎，弄点兽肉来吃。可是父亲的猎枪被那棵该死的大树压碎了。

怎么办呢？

一天，有一位猎人走进祖母的小房子。

祖母一见了他，喜出望外，向他说："好心人，把我带出原始森林吧，我将对你感激不尽。"

他回答道："行啊，老太太，我带你出去。你可得把你这只狗送给我。"

他说的就是莱依。当时莱依的名声已经传得很远，大家都知道莱依是一只出色的好狗。方圆几百公里外的猎人们，虽然没见过莱依，可是都知道它。

祖母把眉头一皱，说："不行。我这只狗可不能卖。它曾经是我已去世的儿子的忠实的朋友，现在它是我最好的朋友。你要什么都可以，我什么都舍得给你，就是不能把我的朋友给你。"

猎人怎么也不让步，说："你这么大岁数了，还能上哪儿去呢？反正你早晚得给我。"

"算了，"祖母说，"既然你这人心那么狠，那我就没有必要再跟你说话。你干脆丢下我这个患难中的老太太别管啦！"

那个猎人火了，说："不管你说什么，我也要强领走你的狗。"

"你试试看。"祖母说着，抄起了斧头'那个坏蛋两手空空地走了。

祖母说："我们是硬骨头，我们是西伯利亚的哥萨克。"

尽管是西伯利亚哥萨克，但是原始林可不是城市里的文化与休息公园。到处是密林、沼泽、山丘，积雪齐腰深，还有暴风雪。在这种情况下，怎么给自己弄食物吃呢？

以前，父亲每打死一匹驼鹿或一只熊的时候，就当场把它收拾了，掏出内脏，切下一块肉，放进麻袋里，带回家。把剩下的死兽和兽皮收在小仓库里。

捕兽的人都用斧头在原始森林里造这样的小仓库。他们把小仓库安放在一根光溜溜的圆木头上，什么野兽也爬不上去。兽肉，也可以存放在这里，暂时保存起来。因为并不是每一次打猎都很顺利，——也有多日一无所获的时候。

父亲告诉过祖母，他在原始森林里有三个装得满满的小仓库。那里面有驼鹿肉、北方鹿肉，还有熊肉。不过，问题是：到哪儿去找那些小仓库？

后来，我祖母还是想出了办法。

她紧紧地扎上一条皮腰带，把斧头掖在腰里，登上滑雪板，拖了一辆雪橇，向莱依说："来吧，莱依！我全指望你啦。你往前跑，指给我看，你主人把打来的猎物都收在哪儿了。你找一找！"

莱依摇摇尾巴，向原始林里跑去。它跑几步，回头瞧瞧祖母是不

是跟在它后面。

莱依真聪明——真的把祖母带到小仓库跟前去了!

祖母把存肉全部用雪橇运回家去后,莱依又带她去看了第二个小仓库。以后,又带她去看了第三个仓库。就这样,她和莱依吃了一冬的兽肉,饱饱地度过了一冬。

春天,冰消雪融后,祖母往父亲的小船里铺了几张兽皮,又拿了点行装,乘船在小河里顺流而下,走了六十来公里,来到最近的一个村庄。

在那里,好心人帮助了她,村苏维埃给了她一所小木房子。

我母亲在城里读书,那时我还很小,和母亲住在一起。祖母和城里通信后,得知母亲病重,赶紧乘火车去看她。等祖母赶到时,母亲已经去世了。于是,祖母在世上成了孤单单的一个人,怀里抱着我——我那时还很小。

我们在城外铁路附近的一座村镇里落了户。

莱依当然始终没有与我的祖母分离过。

莱依看孩子

我的父母先后去世、祖母来把我抱走那年,我还不到四周岁,什么也不懂,简直是个小傻瓜。祖母说:"那时候我别提有多不听话,别提有多淘气了!她带着我,日子可真难过啊!"

祖母找了个工作，上班去了。她把我留在家里，没有人看我。附近没有幼儿园。

祖母又把这个任务交给莱依。

她想出办法，叫莱依看我。

她把我叫过去，又把莱依叫过去，命令我们俩都坐在椅子上，说："你们俩都听着。莱依，我把这位小伙子托付给你，你得照看他。在我上班的时候，不许他胡闹，不许他淘气。明白了吗？"

莱依回答："汪！"

当然它只是随便"汪"了一声，因为它已经习惯了，问它问题的时候，它总是回答。不论问它什么问题，它都回答"汪"！

祖母对我说："喏，莱依说'好'！它什么都懂。你必须听它的话，就像听我的话一样。"跟着，她又对莱依说："等我回来了，这位小伙子干了什么顽皮事儿，你全讲给我听。明白了吗？"

莱依当然又回答："汪！"

"小伙子"吓得连动也不敢动，老老实实坐在那儿，因为那时我还以为莱依是狼呢。

"奶奶，"我嘟嘟囔囔地说，"我怕它……好奶奶，别把我一个人留下来，让它看！"

"小伙子，你根本用不着怕它。"祖母皱着眉头说，"莱依是很好、很正直的。喏，你摸摸它。"

我拼命地把小手往回缩，可是祖母还是拉着我的小手，用它摸了摸莱依的头。

"喏，你要做好孩子，它就对你好。你跟它一块儿玩都行。你扔给它一根小棍儿，它就给你叼过来……不过，在它的面前淘气，"祖母厉声厉色地加了一句，"你可别想！它全要告诉我的。等我回来的时候，你等着瞧吧！"

祖母走出去，关上门。我独自一人留了下来，跟这只"大灰狼"面对面。我心里多害怕呀！虽然那时我还很小，可是当时的情况，我一辈子也忘不了。

我坐在椅子上，活像用螺丝钉拧上了似的，吓得半死不活，连大气也不敢出——谁晓得它在想些什么！

莱依早就跳下椅子，把两只前爪搭在窗户台上，目送着祖母的背影。

后来，它又用四只脚在屋里来回走了几趟，到它吃饭用的那只碗跟前去看看（那只碗就在墙角里），碗是空的。忽然它朝我走过来了。

我惊骇得在椅子上挺直了身子——它准是要吃我！

其实它走到我身边，把头放在我的膝盖上。那个头可真大，重极了。

我一看，它并不是要吃我，原来它是一只很善良的"狼"啊，根本没打算咬我。我不害怕了，轻轻把手放在它头上。

它没表示什么。

我开始小心翼翼地摸它，就像祖母教我的那样。越摸越低，等碰到它鼻子时，它用湿漉漉的舌头舔了舔我的手。

我爬下椅子，看见祖母正向窗里望着，笑容满面。

她用手比划着，让我打开小窗子。

我爬上窗台，打开了小窗子。祖母问我："怎么样？这只"狼"不太可怕吧？"

"奶奶，不可怕。"

"这就好了，你们一起留在这儿吧。我很快就回来，午间休息的时候，我回来瞧瞧——我工作的地方离这儿不远。"

就这样，我渐渐对我们的莱依习惯了。不过，当然，当着它的面，我从来没干过什么特别的事情。我担心它会向祖母告我一状。

狼 牙

过了不久，我完全相信它不是狼了。它成为我的一个好朋友。我摸它，推它，揪它的尾巴，甚至还爬到它背上去，骑着它满屋里跑马——它当了我的一匹出色的小马。它从来没有对我发过脾气，对我连怒声都没有发过。

当然，有时候在它面前我的表现也不太好。祖母不在家的时候，我忽然异想天开会想出什么馊主意。也有那种时候，我从祖母的抽屉柜里偷几块糖吃，或者尝一两匙果酱。

不错，我每次总把偷拿的美味食物老老实实地分给莱依吃。假使我拿两块方糖或两个小面包圈，我准给它一个。它还好，总是收下。

过后，每次我都求它："好莱依，请你千万别告诉奶奶。你没有关系，奶奶从来也不碰你；可我呢……你自己知道！奶奶的手可快哩！"

莱依说："汪！"

等祖母下班回来时，莱依立刻用后脚站起来，把两只前脚搭在她的肩膀头，不知向她耳朵里说些什么悄悄儿话。

当时我以为是这样——我以为它那是悄悄地告诉祖母，我的表现好不好。其实它当时只不过是在舔她的耳朵，那是它与祖母见面打招呼的一种习惯。

祖母自己也假装莱依是向她报告情况。

于是我总担心它会说走嘴，对她说一点我的坏话。

祖母用目光扫视了一下屋里，看到一切正常，就对我说："好呀，真是好样儿的。莱依告诉我，你今天表现很好。"

那样一来，我就完全以为，莱依是完全跟我一伙儿了。当着它的面，我可以为所欲为。

有一天，我发现炉子上面的架子上有一盒火柴，祖母忘记把它拿走了。我当然立刻决定在屋子当中点个小火堆。

我小时候特别喜欢火。直到如今，我还能在打开了火炉门的火炉前一坐几个小时，凝视着那黄色与红色的火焰怎样一会儿蜷缩隐藏；一会儿熊熊燃烧，跳着活泼欣愉的舞蹈；一会儿像小溪似的从木柴上跑过；一会儿忽然像放枪一样，"啪"的一声，冒一阵烟儿！

煤块，我也喜欢；我喜欢看煤块燃烧得闪发着金光，吐着蓝荧荧的火舌。我总觉得火里面有一些隐约可见的影象，各式各样的火凤凰，有尾巴的小鬼，还有不知何许人的脸。

现在我才知道，祖母最担心的，就是怕我一个人留在家里时，闹出一场火灾。每次她去上班的时候，都随身带走所有的装有火柴的火柴盒。她在家的时候，我只要试试把手伸向火柴，她马上照准我的那只手就是一巴掌，喝道："不许碰！"简直像管教莱依似的。这一次，她怎么会把一盒火柴拉在架子上，她自己也不知道。

墙角里有一只箱子，装着废纸和垃圾。我把那只垃圾箱拖到屋子当中，把里面的东西全倒在地板上，用废纸、劈柴和碎木片堆成一个篝火堆。然后，我把板凳搬到架子底下，爬上去够火柴。

我刚抓起火柴盒，听见火柴在盒子里轻轻响了一阵，忽然有谁从我身后发出咆哮声。我回头一瞧，——是莱依！它站在那儿，竖起颈上的毛，完全变了样子。主要是，它龇出了大牙——那是一口可怕的"狼牙"啊！

可把我吓坏了，我吓得从板凳上摔了下来，同时失手将火柴撒了一地。

我爬起来，摩挲摩挲跌青的膝盖，用顶和气的声调问莱依："好莱依，你怎么啦？你别那样想，我只不过拿一根火柴，别的全给奶奶留着。我只想把火堆点着。"

莱依一声不响地听着。它脖子上的毛躺了下去，大牙也藏在嘴唇后面了。

可是，我刚要伸出手去够火柴，大狼嘴就又出现在我面前！嘴唇

皱了起来，雪白的大牙龇在外头。

我赶紧躲开它，逃到最远的墙角里去。

莱依看见我那样做，就躺了下去，将头放在爪子上。它又成了我的善良的好莱依。

我一个劲儿跟它说："好吧，我不点篝火了，我想把火柴拾起来，搁回原处，不然被奶奶看见了，可得给我一顿好揍……"我劝了它半天，用各种甜蜜的名字称呼它。

它高高兴兴地望着我，还摇尾巴哩。可是我只要一走近火柴，马上它就变得凶狠无比，眼睛里放出绿莹莹的凶光，嘴唇也掀了起来。

一直到祖母下班回家，莱依也没让我碰一下火柴。

好家伙！为了这件事，祖母可给了我个厉害瞧！唉呀呀！疼得我都没法往椅子上坐了，疼到半夜还没好。

"你永远记住吧！"祖母说，"莱依把公私分得很清：友谊归友谊；工作归工作。既然跟你说了'不许碰！'——那就别想做那件事，反正莱依不会让你做的。"

原来全部奥秘就在这里：每次我伸手去拿火柴的时候，祖母总跟我说："不许碰！"莱依非常熟悉这句话。

现在，什么都可以简简单单地解释明白了。可我小的时候，这种事情我全不明白，那时我还以为莱依跟我祖母一样。它看着我，担心我会闹出一场火灾，把房子给烧掉。

那一回，它把我吓破了胆；从此以后，在它面前，我不仅不敢干越轨的事儿了，而且连想也不敢想了。

莱依当上了守卫

邻居们不明白这些事情，常常问祖母说："您怎么能把自己家的小娃娃独自一人留在家里，把他交给狗看呢？你们家的狗很老实，他总骑在它背上玩哩。"

"我认为莱依很可靠，"祖母回答他们，"我信任它，就像信任一个人似的。"

不错，谁都喜欢莱依；除了我以外，谁也不怕莱依。它从来没冲着任何人叫唤过。谁到我们家里来也没关系，——莱依不碰他们。

祖母说："因为它是原始森林里的狗，才会这样。它非常信任人。原始林里，人很少，所有的人都是打猎的。它从来没看见过那些人干坏事。原始林里的猎人从来不欺负狗，不欺负自己家里的狗，也不欺负别人家的狗。

还有，西伯利亚原始森林里的居民非常好客，谁都欢迎。有时候，偶尔有个陌生人进来借个火，要求住一夜，主人从不拒绝。一定准许他进帐篷里去，让他吃饱喝足了，给他安排个地方睡觉，连问都不问一声，来客是什么人，打哪儿来，到原始森林里来干什么。人们认为，不管是谁，如果你对他殷勤款待，他怎么还能欺负你呢？西伯利亚人说："用肚子是偷不走面包的。"

于是，形成了这样一种习惯，不论谁到家里来，莱卡种狗都当贵宾看待。莱卡种狗跟城里的各式各样德国种狼狗可不一样。德国种狼狗认为主人是自己人，别人全是敌人。不信，你到养有这种狗的人家

去试试看！——这种狗马上会扑到你胸上去，把你推倒，然后一口咬住你的喉咙。有时候，主人还故意训练它们去咬人、恨人。莱依却很喜欢人。

有一天，祖母从外面领了一个男的到我们家里来。天气非常冷。那人身上只穿了一件棉衣，两只手冻得通红，冷得浑身发抖。他年纪虽不大，但是灰溜溜的脸上长满了胡子，一双眼睛深陷在眼窝里。祖母觉得他可怜，所以把他带回家来，让他吃得饱饱的，还给了他一点钱。至于他是谁？打哪儿来的？——祖母连问也没有问。他自己说："他有病，刚出医院，还没有工作。"他临走的时候，对祖母表示千恩万谢。

大约两个星期以后的一天早晨，祖母和每天一样去上班，我和莱依留在家里。莱依照例睡在它自己的墙角里，我正在看一本小书里的画。那时我已经七岁多了，会看书了，虽然看得不太快。

我听见有人敲窗户。

我走过去一瞧，是个陌生人，我一下子没能认出来，他就是祖母曾经带来过的那人。他身上穿着大衣，脸刮得光光的，留着两撇细溜溜的小胡子。

我听见他隔着窗户喊道："老太太在家吗？"

我摇着头说："不在！不在！"

他给我看看他夹在一只手里的香烟，用另一只手做出划火柴的样子，意思说：需要点烟。

我向他喊道："没有火柴！祖母一出去，就把火柴带走。"

他耸耸肩膀，然后指指小窗子，意思说：把小窗子打开，我听不见。

我把小窗子给他打开了，好解释清楚。这时，他很快地将手从小窗子里伸了进来，拉开窗闩，推开了窗户——我还没来得及明白过来，他已经进了屋子，站在我身旁。

"小狗崽子！告诉我，老婆子把钱藏在哪儿？快！"

这时，我才恍然大悟了。我浑身发冷，可还是意识到，应该向谁求救。我抽不冷子大叫一声："好莱依！莱依！"

陌生人一只手掐住我的喉咙，另一只手从怀里掏出一把刀，朝我挥起……然后就一个跟头摔倒了！刀也飞到墙上去了。

我再一看，陌生人躺在地上，身上的大衣已经被撕得粉碎。莱依站在他上面——那不是莱依，是一只狼！

陌生人用一种疯狂的尖细嗓音放声大叫。

我从窗户蹦了出去，也放声大嚷，但是不知道自己嚷了些什么。

幸亏这节骨眼有两个熟人——两位铁路员工——路过我家附近，他们急忙跑过来问："怎么啦？出了什么事？"

我全身瑟瑟地抖着，一句话也说不出来。

他们走到窗前一瞧，就什么都明白了。

陌生人正用两只手捂住喉咙，哀号着："狼呀，快把狼赶走，该死的！"

怎么办得到呀！他们想从窗户跳进去，莱依就朝他们扑过来。哎，野兽终究是野兽！

一个铁路员工飞奔到祖母的工作单位去找她。幸亏不远，祖母顷刻之间就跑回来了。

祖母进屋里，拉住莱依的颈圈，别人才能进去。来了一大群人，抓住那个陌生人，用手巾把他捆上，捡起刀子，送他到民警局去了。

他还不停地骂祖母："你要对我负责任的！法律不准许在家里养狼。把什么都撕碎了，该死的魔鬼！"

祖母打量了他一阵子，皱皱眉头，说道："这家伙！——唤醒了一只善良的狗的恶兽天性。你应该谢谢，没有把命送掉。"

自从发生了那个事件以后，莱依再也不能像以前那样了！莱依不肯放任何陌生人到家里来。它成了一个守卫，比随便什么样的德国种狼狗都要好的守卫。祖母说："它现在明白了，人，有各种各样的。对善要报以善；对恶要报以恶。孩子，生活是这样的——在城里这样，在原始森林里也这样。世界上，没有比好人的心更善良的了，也没有比坏人的心更狠毒的了。莱依，对吗？"

莱依回答她："汪！"

DUHOU GAN 读后感

卢 星

今天我读了一本有趣的故事书，叫《森林报·春》。我经过饶有兴趣的一番品读后深有感触。

这本书主要讲了春季里大森林中多姿多彩的动物故事。在热闹的大森林里，每天都会发生不同的故事。春天到了，动物们从睡梦中醒来，麋鹿在打群架，候鸟大搬家，秧鸡大徒步走过整个欧洲的令人发笑的旅行，在报纸上看不到的东西这上面全都有。这本书使我知道了森林里的新闻并不比城市里少。森林里也在进行着工作，也有愉快的节日和可悲的事件。森林里也有英雄和强盗，飞禽走兽也有喜怒哀乐……作者经过采集把它们整理成了引人入胜的《森林报》。

今天的我们对于大自然已经越来越陌生，缺乏基本的认识。而森林报能使我们深深体会到大自然的神奇和变化，使我们更深入地认识自然界的生存奥秘。人的生活中也有报纸，却从未像《森林报》那么精彩。为什么？正是因为报纸只登人的事，却从未让大家看到整个世界，只看到一点皮毛，你能快乐吗？正是这种与"世"隔绝，剥夺了人们快乐的权利。比如说，在报纸上你能看到"森林之夜""斑鸫的巢""天然屋顶"之类的新闻吗？

这些在《森林报》上都有详细地记载。在《森林报》上，我们能深深地探索寻求大自然的无穷奥秘，和大自然的小主人们一起欢乐、开心，一同悲伤、难过，同勤劳的小动物们一起回味春的欢乐、夏的

蓬勃、秋的多彩、冬的忧伤……

　　更重要的是我还从书中感悟出一些道理：只有像作者一样，用心去倾听这个奇妙大自然动听的旋律，用心去观察大自然如画的美景，你才能生活得充实快乐，才能拥有大自然的财富！